Dude

Formelsammlung extra

Mathematik

5. bis 10. Klasse

Formeln und Begriffe
Definitionen und Sätze
Zahlentafeln und Wissenswertes

2., aktualisierte Auflage

Duden Schulbuchverlag
Berlin · Mannheim · Leipzig · Wien · Zürich

Bibliografische Information der Deutschen Nationalbibliothek
Die Deutsche Nationalbibliothek verzeichnet diese Publikation in der Deutschen Nationalbibliografie; detaillierte bibliografische Daten sind im Internet über http://dnb.ddb.de abrufbar.

Redaktion Dr. Uwe Bahro, Dr. Michael Unger
Autoren Dr. Uwe Bahro, Dr. Lutz Engelmann, Dr. Sonja Huster, Dr. Astrid Kahlenberg, Rolf Langenhan, Dr. Günter Liesenberg, Prof. Dr. habil. Lothar Meyer, Dr. Gerd-Dietrich Schmidt

Herstellung Tobias Kaase
Layout Peter Lohse
Umschlaggestaltung Sven Rauska

Satz Enev Design & Consulting, Berlin
Druck und Bindung Firmengruppe APPL, Wemding
Printed in Germany

ISBN 978-3-411-72082-8

Inhalt

Überschrift

Überschriften bieten dir eine gute Orientierung: Es gibt eine Hauptüberschrift, der eine Ziffer vorangestellt ist, und zwei Unterüberschriften, die mit zwei oder drei Ziffern angezeigt werden.

Kolumnentitel

Die Angaben links und rechts oben auf einer Seite geben unterschiedliche Informationen: Links oben wird dir angezeigt, wie die Hauptüberschrift lautet, rechts oben siehst du das Thema der Seite.

1. 2 Teilbarkeitsregeln und Teilbarkeitseigenschaften | 21

PRAKTISCHES RECHNEN

BESONDERS NÜTZLICH

Der euklidische Algorithmus

Bestimmung des ggT(135, 105) mithilfe des **euklidischen Algorithmus:**

135 : 105 = 1, Rest 30
105 : 30 = 3, Rest 15
30 : 15 = 2, Rest 0 ggT(135, 105) = 15

Bestimmung des kgV(*a*, *b*) mithilfe des euklidischen Algorithmus und der folgenden Beziehung:

$$\text{kgV}(a, b) = \frac{a \cdot b}{\text{ggT}(a, b)}$$

Sind zwei Zahlen *a* und *b* **teilerfremd**, so gilt $\text{ggT}(a, b) = 1$ und $\text{kgV}(a, b) = a \cdot b$.

1.2 Teilbarkeitsregeln und Teilbarkeitseigenschaften

Teiler	Regel ($n \in \mathbb{N}^*$)
n	Null ist durch jede Zahl teilbar, jedoch nicht durch sich selbst.
n	Jede Zahl *n* ist durch sich selbst teilbar.
1	Jede Zahl *n* (auch 0) ist durch 1 teilbar.
2	Eine Zahl ist durch 2 teilbar, wenn die letzte Ziffer durch 2 teilbar, d. h. 0, 2, 4, 6 oder 8 ist.
3	Eine Zahl ist durch 3 teilbar, wenn ihre **Quersumme** (Summe ihrer Ziffern) durch 3 teilbar ist.
4	Eine Zahl ist durch 4 teilbar, wenn ihre letzten beiden Ziffern eine durch 4 teilbare Zahl bilden.
5	Eine Zahl ist durch 5 teilbar, wenn die letzte Ziffer durch 5 teilbar, d. h. 0 oder 5 ist.
6	Eine Zahl ist durch 6 teilbar, wenn sie durch 2 und durch 3 teilbar ist.
8	Eine Zahl ist durch 8 teilbar, wenn ihre letzten drei Ziffern eine durch 8 teilbare Zahl bilden.
9	Eine Zahl ist durch 9 teilbar, wenn ihre **Quersumme** (Summe ihrer Ziffern) durch 9 teilbar ist.
10	Eine Zahl ist durch 10 teilbar, wenn ihre letzte Ziffer eine 0 ist.
25	Eine Zahl ist durch 25 teilbar, wenn ihre letzten beiden Ziffern 00, 25, 50 oder 75 sind.

BESONDERS NÜTZLICH

Teilbarkeitsbeziehungen

Aus $a \mid b$ folgt $a \mid (b \cdot c)$.

Aus $a \mid b$ und $a \mid c$ folgt $a \mid (b + c)$.

Aus $a \mid b$ folgt $(a \cdot c) \mid (b \cdot c)$.

Aus $a \mid c$ und $b \mid c$ und $\text{ggT}(a, b) = 1$ folgt $(a \cdot b) \mid c$.

Aus $a \mid b$ und $c \mid d$ folgt $(a \cdot c) \mid (b \cdot d)$.

Aus $a \mid b$ und $a \mid c$ folgt $a \mid (b - c)$.

Aus $a \mid b$ und $b \mid c$ folgt $a \mid c$.

Kapitelmarke und Kapitelbezeichnung

Jedes Kapitel wird durch eine Startseite in einer eigenen Farbe eingeleitet und durch die Kapitelmarke auf jeder Seite des Kapitels angezeigt. Bei jedem Kapitel wechselt die Farbe und damit die Kapitelmarke. Außerdem wird bei jeder Kapitelmarke die Kapitelbezeichnung genannt, in dem du dich gerade befindest.

Besonders nützlich

Dieses Element gibt dir bei besonders schwierigen „Stolpersteinen“ Hilfestellung.

Am Ende folgt auf den Seiten 123–128 ein Register mit allen wichtigen Suchbegriffen. So kannst du gezielt die Seite finden, auf der du Auskunft zu einer bestimmten Fragestellung erhälst.

Eine Übersicht der verwendeten Zeichen, Abkürzungen und Symbole findest du auf dem hinteren Buchdeckel.

NÄHERUNGSWERTE EINHEITEN MENGENLEHRE

1 Römische Zahlzeichen

BLICKPUNKT

Römische Zahlen

Römische Zahlen sind Zahlzeichen (Symbole), die ihren Ursprung in der römischen Antike haben. Bis ins 12. Jahrhundert wurden sie in Europa sehr häufig verwendet. Die Zahldarstellung beruht auf der Addition (bzw. Subtraktion) der Werte von sieben Symbolen.

M = Anfangsbuchstabe von mille 1000
C = Anfangsbuchstabe von centum 100
L = 50 – unteres halbes Zeichen C
V = 5 – oberes halbes Zeichen X

Der Wert der zusammengesetzten römischen Zahl entsteht durch Addition der Werte der einzelnen Symbole, z. B. XVI für 16. Mit einem vorangestellten Symbol kann durch Subtraktion eine kleinere Ziffer entstehen, z. B. IV für 5 – 1 = 4.

Schreibweisen/Symbole/Anwendungen

Schreibweisen

- Es wird links mit dem Symbol der größten Zahl begonnen. Die Symbole I, X, C werden höchstens dreimal nacheinander geschrieben, die Symbole V, L, D einmal.
- Steht ein Symbol einer kleineren Zahl vor dem einer größeren, so wird sein Wert von dem folgenden größeren subtrahiert. Vorangestellt, also subtrahiert, darf immer nur höchstens ein kleineres Grundsymbol werden.

Grundsymbole

I 1 X 10 C 100 M 1000

Hilfssymbole

V 5 L 50 D 500

Anwendungen

III	3	XI	11	XL	40	XCVIII	98	DCCCLXXXVIII	888
VII	7	XIV	14	XLI	41	IC	99	CM	900
VIII	8	XXIX	29	LXXXIV	84	CVII	107	MCMLXXXVII	1987
IX	9	XXX	30	XC	90	CCCII	302	MMIV	2004

Hinweis: Von mehreren möglichen Schreibweisen (z. B. für 1997 MCMXCVII bzw. MXMVII) wählt man heute meist die kürzere.

2 Näherungswerte und Zehnerpotenzen

2.1 Rundungsregeln

Abrunden/Aufrunden

Runden
Beim Runden werden alle auf eine bestimmte Ziffer folgenden Ziffern durch Nullen ersetzt (bei natürlichen Zahlen) bzw. weggelassen (bei Dezimalbrüchen).

Abrunden
Die Stelle, auf die zu runden ist, bleibt unverändert, wenn dieser eine 0, 1, 2, 3 oder 4 folgt.

56358 soll auf Tausender gerundet werden.
Der 6 folgt eine 3, es ist also abzurunden: 56358 ≈ 56000.

Aufrunden
Die Stelle, auf die zu runden ist, wird um 1 erhöht, wenn dieser eine 5, 6, 7, 8 oder 9 folgt.

56358 soll auf Hunderter gerundet werden.
Der 3 folgt eine 5, es ist also aufzurunden: 56358 ≈ 56400.

2.2 Rechnen mit Näherungswerten

Näherungswerte/Zuverlässige Ziffern

Näherungswerte
Näherungswerte erhält man beim
- Schätzen, Überschlagen, Messen und Runden,
- Ersetzen von irrationalen Zahlen durch rationale Zahlen,
- Ersetzen von gemeinen Brüchen, die auf periodische Dezimalbrüche führen, durch endliche Dezimalbrüche,
- Arbeiten mit Tafeln, Taschenrechnern und Computern.

Zuverlässige Ziffern
Zuverlässige Ziffern sind die Ziffern eines Näherungswertes, die für Rechnungen herangezogen werden können.

3,6 hat zwei zuverlässige Ziffern.
3,60 hat drei zuverlässige Ziffern.
48,12 hat vier zuverlässige Ziffern.

BESONDERS NÜTZLICH

Rechenoperationen mit Näherungswerten

Addition und Subtraktion
Beim Addieren und Subtrahieren sucht man denjenigen Näherungswert heraus, bei dem die letzte zuverlässige Ziffer am weitesten links steht, und rundet das Ergebnis auf diese Stelle.

Multiplikation und Division
Beim Multiplizieren und Dividieren sucht man denjenigen Näherungswert heraus, der die geringste Anzahl zuverlässiger Ziffern besitzt, und rundet das Ergebnis auf diese Stellenanzahl.

2.3 Darstellung von Dezimalzahlen mithilfe abgetrennter Zehnerpotenzen

Darstellung mit Zehnerpotenzen

$a > 1$

$3\,440\,000 = 3{,}44 \cdot 1\,000\,000 = 3{,}44 \cdot 10^6$
Beim Übergang von $3{,}44 \cdot 10^6$ zur normalen Schreibweise rückt das Komma um sechs Stellen nach rechts und man erhält 3 440 000.

Hinweis:
Für $3{,}44 \cdot 10^6$ wird von manchen Taschenrechnern und Computern auch „3,44 E6“, „3,44 E06“ oder „3,44 06“ ausgegeben.

$a < 1$

$0{,}000\,000\,023 = 2{,}3 \cdot 0{,}000\,000\,01 = 2{,}3 \cdot 10^{-8}$
Beim Übergang von $2{,}3 \cdot 10^{-8}$ zur normalen Schreibweise rückt das Komma um acht Stellen nach links und man erhält 0,000 000 023.

Hinweis:
Für $2{,}3 \cdot 10^{-8}$ wird von manchen Taschenrechnern und Computern auch „2,3 E–8“, „2,3 E–08“ oder „2,3 –08“ ausgegeben.

3 Rechnen mit dem Taschenrechner

Bedienungsgrundlagen

Zahleneingabe	von links nach rechts Ziffern eingeben.	
	(Statt [,] ist auch [.] möglich.)	
	64,73	[6] [4] [,] [7] [3]
■ negative Zahlen:	[+/–] −331	[3] [3] [1] [+/–]
	[–] −542	[–] [5] [4] [2]
■ Zehnerpotenzen:	[EXP] $4{,}31 \cdot 10^{-4}$	[4] [,] [3] [1] [EXP] [4] [+/–]
	bzw. [10^x] oder [EEX] oder [EE]	

Löschen		
■ Korrektur:	[CE•E] oder [C]	löschen / korrigieren der zuletzt eingegebenen Zahl oder Rechenoperation [DEL] [INS] bzw. Korrekturtasten [→] [←] verwenden und an der entsprechenden Stelle korrigieren. [DEL] delete (löschen), [INS] insert (einfügen)
■ alles löschen:	[AC] oder zweimal [CE•E]	

Speichern		
■ in den Speicher eingeben:	[X→M]	273 eingeben: 273 [X→M]
	oder [STO] oder [MS]	
	oder [M in] oder [STO] und eine Buchstabentaste	
■ im Speicher rechnen:	[M+] [M–]	15 zu Speicherwert addieren: 15 [M+]
	oder [2nd] [Sum]	
	oder [SHIFT] [Sum]	
■ aus dem Speicher abrufen:	[MR] oder [RCL] oder [RCL] und eine Buchstabentaste	
		Anzeige im Display: [288]
■ Speicher löschen:	[MC] bzw. 0 [X→M] bzw. 0 [M in]	

Abschluss		
■ Berechnung ausführen:	[=] oder [EXE]	

BESONDERS NÜTZLICH

Vorrangautomatik

Regel: „Punktrechnung geht vor Strichrechnung"

1. Potenzberechnung
2. Multiplikation/Division
3. Addition/Subtraktion

$2 + 3 \cdot 4$ → 2 (+) 3 (×) 4 [14]

$(2+3) \cdot 4$ → (() 2 (+) 3 ()) (×) 4 [20]

Hinweis:
Vorsicht, es gibt auch Taschenrechner ohne Vorrangautomatik. Dann muss der Nutzer die Vorrangregel bei der Eingabe der Zahlen und Rechenoperationen selbst beachten.

Durchführen von Grundoperationen

Brüche

- Rechnen mit Brüchen: ($a^{b/c}$)

$\frac{3}{4} + 2\frac{1}{2}$ → 3 ($a^{b/c}$) 4 (+) 2 ($a^{b/c}$) 1 ($a^{b/c}$) 2 [3⌟1⌟4]

Prozenttaste

- Grundgleichung der Prozentrechnung:
  $\frac{W}{p} = \frac{G}{100}$

Die Taste (%) führt eine Division durch 100 aus.

Es soll ermittelt werden:

Prozentwert	$W = \frac{p \cdot G}{100}$	p (×) G (%) (=)
Prozentsatz	$p = \frac{W \cdot 100}{G}$	W (÷) G (%) (=)
Grundwert	$G = \frac{W \cdot 100}{p}$	W (÷) p (%) (=)

(Bei manchen Taschenrechnern kann das (=) entfallen.)

Berechnung ausführen

■ Quadrieren:	(x^2)	4^2	4 (x^2) (=)	[16]
■ Wurzelziehen:	($\sqrt{\ }$)	$\sqrt{9}$	9 ($\sqrt{\ }$) oder ($\sqrt{\ }$) 9 (=)	[3]
■ beliebige Potenzen:	(x^y)	4^3	4 (x^y) 3 (=)	[64]
■ beliebige Wurzeln:	($\sqrt[x]{\ }$)	$\sqrt[3]{27}$	3 ($\sqrt[x]{\ }$) 27 (=)	
			oder 27 (x^y) 3 (1/x) (=)	
			oder 27 (x^y) 3 (x^{-1}) (=)	[3]

Logarithmieren

- Logarithmus suchen: (ln)

ln 421	421 (ln) oder (ln) 421 (=)	[6.042632834]
$\log_3 5$	(ln) 5 (÷) (ln) 3 (=)	[1.464973521]

Durchführen von Grundoperationen (Fortsetzung)			
■ Numerus suchen:	(10^x)		
	$\log x = 2{,}1$	2,1 (SHIFT) (10^x)	
	x gesucht	oder 2,1 (2nd) (10^x)	
		oder (SHIFT) (10^x) 2,1	[125.8925412]
Winkelfunktionen ■ Maßangabe einstellen:	(MOD)	(MOD) (DEG) bzw. (RAD) bzw. (GRD)	
	(D-R-G)	(SHIFT) (D-R-G)	
	(DEG)	Winkel in Gradmaß	
	(RAD)	Winkel in Bogenmaß	
	(GRD)	Winkel in Neugrad	
■ Sinus eines Winkels:	(DEG)		
	(sin)		
	sin 25,6°	(sin) 25,6 (=) oder 25,6 (sin)	[0.4320857488]
■ Kosinus eines Winkels:	(DEG)		
	(cos)		
	cos 43,8°	(cos) 43,8 (=) oder 43,8 (cos)	[0.7217602281]
■ Bestimmen eines Winkels:	(DEG)		
	$(\sin^{-1})$		
	$\sin\alpha = 0{,}871$	(SHIFT) $(\sin^{-1})$ 0,871 (=)	
		oder 0,871 (SHIFT) $(\sin^{-1})$	[60.6]
■ Sinus eines Winkels:	(RAD)		
	(sin)		
	$\sin(\frac{3}{4}\pi)$	(sin) 3 $(a^{b/c})$ 4 (π) (=)	
		oder 3 (÷) 4 (×) (π) (=) (sin)	[0.707107]
■ Kosinus eines Winkels:	(RAD)		
	(cos)		
	$\cos(-\frac{1}{2}\pi)$	(cos) (–) 1 $(a^{b/c})$ 2 (π) (=)	
		oder 1 (÷) 2 (×) (π) (=) (+/–) (cos)	[0]
■ Bestimmen eines Winkels:	(RAD)		
	$(\sin^{-1})$		
	$\sin\alpha = 0{,}871$	(SHIFT) $(\sin^{-1})$ 0,871 (=)	
		oder 0,871 (SHIFT) $(\sin^{-1})$	[1.0572]

4 Einheiten

BLICKPUNKT

Einheitensystem

Ein Einheitensystem nennt man die Gesamtheit aller Einheiten. In einem solchen System gibt es **Basiseinheiten,** die definiert (also festgelegt) werden, und **abgeleitete Einheiten,** die von den Basiseinheiten auf der Grundlage von funktionalen Zusammenhängen abgeleitet werden.

Seit 1970 ist in Deutschland das SI-Einheitensystem (Système International d'Unitès) verbindlich eingeführt und gültig.

4.1 Vorsätze bei Einheiten

Vorsatz		Bedeutung	Faktor
Exa	E	Trillion	1 000 000 000 000 000 000 $= 10^{18}$
Peta	P	Billiarde	1 000 000 000 000 000 $= 10^{15}$
Tera	T	Billion	1 000 000 000 000 $= 10^{12}$
Giga	G	Milliarde	1 000 000 000 $= 10^{9}$
Mega	M	Million	1 000 000 $= 10^{6}$
Kilo	k	Tausend	1 000 $= 10^{3}$
Hekto	h	Hundert	100 $= 10^{2}$
Deka	da	Zehn	10 $= 10^{1}$
Dezi	d	Zehntel	$0{,}1 = \frac{1}{10} = 10^{-1}$
Zenti	c	Hundertstel	$0{,}01 = \frac{1}{100} = 10^{-2}$
Milli	m	Tausendstel	$0{,}001 = \frac{1}{1000} = 10^{-3}$
Mikro	µ	Millionstel	0,000001 $= 10^{-6}$
Nano	n	Milliardstel	0,000 000 001 $= 10^{-9}$
Piko	p	Billionstel	0,000 000 000 001 $= 10^{-12}$
Femto	f	Billiardstel	0,000 000 000 000 001 $= 10^{-15}$
Atto	a	Trillionstel	0,000 000 000 000 000 001 $= 10^{-18}$

4.2 Einheiten von Größen

BESONDERS NÜTZLICH

Umrechnen von Einheiten

Beim Umrechnen von Einheiten können Fehler dadurch entstehen, dass die Maßzahl falsch angepasst wird.
Beim Übergang von einer größeren zu einer kleineren Einheit wird die Maßzahl größer.
12 cm = 120 mm   3,5 m^2 = 350 dm^2 14,8 kg = 14 800 g

Umgekehrt wird beim Übergang von einer kleineren zu einer größeren Einheit die Maßzahl kleiner.
356 mm = 35,6 cm   78 cm^2 = 0,78 dm^2 5 680 000 mg = 5,68 kg

Erfolgt die Umrechnung über mehrere Einheiten hinweg, sollte man zur Sicherheit alle Zwischenschritte notieren.
5 680 000 mg = 5 680 g = 5,68 kg

Die wichtigsten Grundeinheiten und ihre Umrechnung

Länge

1 km = 1 000 m	1 m	= 0,001 km
1 m = 10 dm	1 dm	= 0,1 m
1 dm = 10 cm	1 cm	= 0,01 m
1 cm = 10 mm	1 mm	= 0,1 cm

Fläche

1 km^2 = 100 ha		
1 ha = 100 a	1 a	= 0,01 ha
1 a = 100 m^2	1 m^2	= 0,01 a
1 m^2 = 100 dm^2	1 dm^2	= 0,01 m^2
1 dm^2 = 100 cm^2	1 cm^2	= 0,0001 m^2
1 cm^2 = 100 mm^2	1 mm^2	= 0,01 cm^2

Rauminhalt / Volumen

1 m^3 = 1 000 dm^3	1 dm^3	= 0,001 m^3
1 dm^3 = 1 000 cm^3	1 cm^3	= 0,001 dm^3
1 cm^3 = 1 000 mm^3	1 mm^3	= 0,001 cm^3
1 Hektoliter = 100 Liter	1 Liter	= 1 dm^3
1 Liter = 100 Zentiliter	1 Zentiliter	= 10 cm^3
1 Zentiliter = 10 Milliliter	1 Milliliter	= 1 cm^3

Masse

1 t = 10 dt = 1 000 kg	1 kg	= 0,001 t
1 dt = 100 kg	1 kg	= 0,01 dt
1 kg = 1 000 g	1 g	= 0,001 kg
1 g = 1 000 mg	1 mg	= 0,001 g

Die wichtigsten Grundeinheiten und ihre Umrechnung (Fortsetzung)

Zeit

1 Jahr = 12 Monate
1 Monat = 28 bis 31 Tage
1 Tag = 24 h
1 h = 60 min
1 min = 60 s

Abkürzungen: a Jahr; d Tag; h Stunde; min Minute

1 d = 1440 min
1 d ≈ 0,00274 a
1 a ≈ 8 766 h
1 min ≈ 0,0167 h
1 s ≈ 0,0167 min

Temperatur

0 °C = 273,15 K 0 °C = 32 °F
100 °C = 373,15 K 100 °C = 212 °F
Abkürzungen: Kelvin (K); Grad Celsius (°C); Grad Fahrenheit (°F);
Temperaturdifferenzen werden häufig in Kelvin angegeben.

0 K = –273,15 °C
100 K = –173,15 °C

Geschwindigkeit

$1\ \frac{\text{km}}{\text{h}} = \frac{1}{3{,}6}\ \frac{\text{m}}{\text{s}} = 0{,}2\bar{7}\ \frac{\text{m}}{\text{s}} \approx 0{,}28\ \frac{\text{m}}{\text{s}}$

$1\ \frac{\text{m}}{\text{s}} = 3{,}6\ \frac{\text{km}}{\text{h}}$

4.3 Nichtdezimale Maße (Auswahl)

Längenmaße

Einheit	Land	Zeichen	Umrechnungen
geografische Meile	Deutschland		1 geografische Meile = 7 421,5 m (≙ $\frac{1}{15}$ Äquatorgrad)
Seemeile	Deutschland	sm	1 sm = 1 852 m (≙ $\frac{1}{60}$ Meridiangrad)
Plethron (Mz.: Plethra)	Griechenland (Antike)		1 Plethron = 30,83 m
Stadion	Griechenland (Antike)		1 Stadion = 184,97 m = 6 Plethra
inch (Zoll)	Großbritannien, USA	in (auch ")	1 in = 1" = 25,4 mm
foot (Mz.: feet; Fuß)	Großbritannien, USA	ft (auch ')	1 ft = 1' = 12 inches = 30,48 cm
yard (Elle)	Großbritannien, USA	yd	1 yd = 3 ft = 91,44 cm; 11 m ≈ 12 yds
statute mile	Großbritannien, USA	st mi	1 st mi = 1 609,3 m; 1 km ≈ 0,6215 st mi
fathom (Tiefenmaß)	Großbritannien		1 fathom = 1,829 m
Passus (Doppelschritt)	Rom (Antike)		1 Passus = 147,9 cm
Sashen	Russland		1 Sashen = 2,13 m
Werst	Russland		1 Werst = 500 Sashen = 1,067 km

Geschwindigkeitsmaße

Einheit	Land	Zeichen	Umrechnungen
Knoten	Deutschland, USA	kn	$1\ \text{kn} = 1\ \frac{\text{sm}}{\text{h}} = 1\,852\ \frac{\text{m}}{\text{h}}$

Flächenmaße

Einheit	Land	Zeichen	Umrechnungen
Morgen	Deutschland (preuß.)		1 Morgen = 25,5 a = 0,255 ha
Morgen	Deutschland (sächs.)		1 Morgen = 27,67 a = 0,2767 ha
Acker	Deutschland (sächs.)		1 Acker = 2 Morgen = 55,34 a = 0,556 34 ha
acre	Großbritannien		1 acre = 40,47 a

Raummaße

Einheit	Land	Zeichen	Umrechnungen
Registertonne	Deutschland, Großbritannien, USA	RT (reg tn)	1 RT = 100 Kubikfuß = 2,832 m^3
barrel (Petroleum)	Großbritannien, USA		1 barrel = 158,758 l
Imperial gallon	Großbritannien	gal	1 gal = 4,546 l
bushel	Großbritannien	bu	1 bu = 8 gal = 36,368 l
Petrol gallon	USA	gal	1 gal = 3,785 l

Massemaße

Einheit	Land	Zeichen	Umrechnungen
Pfund	Deutschland	Pfd.	1 Pfd. = 500 g
Zentner	Deutschland	Ztr.	1 Ztr. = 100 Pfd. = 50 kg
Obolus	Griechenland (Antike)		1 Obolus = 0,72 g
Drachme	Griechenland (Antike)		1 Drachme = 4,4 g = 6 Obolen
ounce (Unze)	Großbritannien, USA	oz	1 oz = 28,35 g
pound	Großbritannien, USA	lb (libra)	1 lb = 16 oz = 453,59 g = 0,453 59 kg
stone	Großbritannien		1 Stone = 6,35 kg = 14 lbs
quarter (Viertel)	Großbritannien	qr	1 qr = 28 lb = 12,7 kg
centweight (Zentner)	Großbritannien	cwt	1 cwt = 4 qr = 112 lb = 50,802 kg
long ton (Tonne)	Großbritannien	lton	1 lton = 20 cwt = 2 240 lb = 1 016,05 kg
quarter (Viertel)	USA	qr	1 qr = 25 lb = 11,34 kg
centweight (Zentner)	USA	cwt	1 cwt = 4 qr = 100 lb = 45,359 kg
short ton (Tonne)	USA	ston	1 ston = 20 cwt = 2 000 lb = 907,185 kg
Karat	Juwelenhandel	k	1 k = 200 mg = 0,2 g

Zählmaße

Einheit	Land	Zeichen	Umrechnungen
Dutzend	Deutschland		1 Dutzend = 12 Stück
Schock	Deutschland		1 Schock = 5 Dutzend = 60 Stück
Gros	Deutschland		1 Gros = 12 Dutzend = 144 Stück
Mandel	Deutschland		1 Mandel = 15 Stück
Bauernmandel	Deutschland		1 Bauernmandel = 16 Stück

5 Mengenlehre

BLICKPUNKT

Der Mengenbegriff

Der Begriff Menge wird in der Mathematik als Grundbegriff verwendet, also nicht mit anderen Begriffen erklärt oder aus ihnen abgeleitet.

Zusammenfassungen von beliebigen wirklich existierenden oder gedachten Dingen zu einem Ganzen werden als Mengen bezeichnet. Die zusammengefassten Dinge sind die **Elemente der Menge.**
$x \in M$ (gesprochen: x Element M) bedeutet „x gehört zur Menge M".
$x \notin M$ (gesprochen: x nicht Element M) bedeutet „x gehört nicht zu M".

Beispiele: $15 \in \mathbb{N}$ (15 ist eine natürliche Zahl.)
$-7 \notin \mathbb{Q}_+$ (–7 ist keine gebrochene Zahl.)

5.1 Mengenbeziehungen und Mengenverknüpfungen

Mengenbeziehungen/Mengenverknüpfungen

- **Mengengleichheit**
  Zwei Mengen A und B sind gleich, wenn sie aus denselben Elementen bestehen ($A = B$).

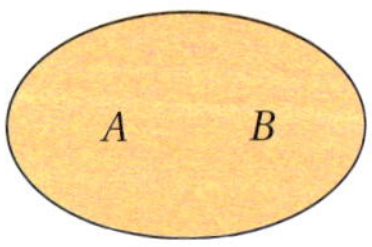

$A = A$
Aus $A = B$ folgt $B = A$.
Aus $A = B$ und $B = C$ folgt $A = C$.

- **Teilmenge**
  Eine Menge A ist Teilmenge einer Menge B, wenn jedes Element von A auch Element von B ist ($A \subseteq B$).
  Gibt es in B mindestens ein Element, welches nicht zu A gehört, so ist A sogar **echte Teilmenge** von B ($A \subset B$).

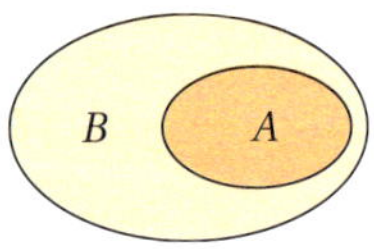

$A \subseteq A$; $\emptyset \subseteq A$
Aus $A \subseteq B$ und $B \subseteq A$ folgt $A = B$.
Aus $A \subseteq B$ und $B \subseteq C$ folgt $A \subseteq C$.

Mengenbeziehungen/Mengenverknüpfungen (Fortsetzung)

- **Vereinigungsmenge**
  Die Vereinigungsmenge $A \cup B$ ist die Menge aller Elemente, die zu A oder zu B oder zu beiden Mengen gehören.

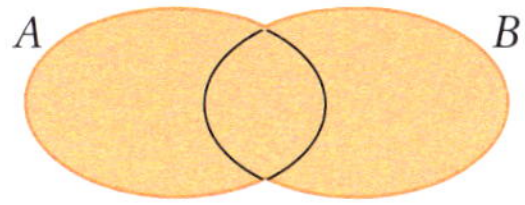

$A \cup A = A;\quad A \cup \emptyset = A$
$A \cup B = B \cup A$
$(A \cup B) \cup C = A \cup (B \cup C)$

- **Schnittmenge**
  Die Schnittmenge (**Durchschnittsmenge**) $A \cap B$ ist die Menge aller Elemente, die zu A und gleichzeitig zu B gehören.

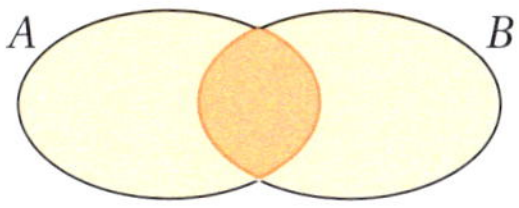

$A \cap A = A;\quad A \cap \emptyset = \emptyset$
$A \cap B = B \cap A$
$(A \cap B) \cap C = A \cap (B \cap C)$

5.2 Zahlenmengen

	Beschreibung	Uneingeschränkt ausführbare Grundrechenoperationen
Natürliche Zahlen	$\mathbb{N} = \{0; 1; 2; 3; \dots\}$ $\mathbb{N}^* = \mathbb{N} \setminus \{0\} = \{1; 2; 3; \dots\}$	Addition, Multiplikation
Ganze Zahlen	$\mathbb{Z} = \{\dots; -3; -2; -1; 0; 1; 2; 3; \dots\}$	Addition, Multiplikation, Subtraktion
Gebrochene Zahlen	$\mathbb{Q}_+ = \{\frac{p}{q} \mid p, q \in \mathbb{N} \text{ und } q \neq 0\}$ Alle Brüche, die dem gleichen Punkt des Zahlenstrahls zugeordnet sind, bezeichnen ein und dieselbe gebrochene Zahl. Gebrochene Zahlen können als Brüche ($\frac{p}{q}$) oder als (endliche oder periodische) Dezimalbrüche dargestellt werden.	Addition, Multiplikation, Division (ausgenommen durch 0)
Rationale Zahlen	$\mathbb{Q} = \{\frac{p}{q} \mid p, q \in \mathbb{Z} \text{ und } q \neq 0\}$ Gesamtheit der gebrochenen Zahlen und der zu diesen entgegengesetzten Zahlen	Addition, Multiplikation, Subtraktion, Division (ausgenommen durch 0)
Reelle Zahlen	$\mathbb{R} = \mathbb{Q} \cup \mathbb{I}$ Gesamtheit der rationalen Zahlen und der irrationalen Z ahlen $\mathbb{I}$ irrationale Zahlen (unendliche nichtperiodische Dezimalbrüche)	Addition, Multiplikation, Subtraktion, Division (ausgenommen durch 0), Wurzelziehen

Beziehungen zwischen den Zahlenmengen

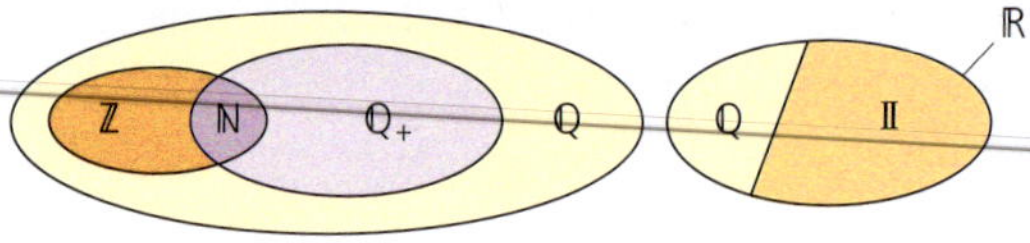

$\mathbb{N} \subset \mathbb{Z} \subset \mathbb{Q} \subset \mathbb{R}$

$\mathbb{N} \subset \mathbb{Q}_+ \subset \mathbb{Q} \subset \mathbb{R}$

5.3 Intervalle (spezielle Teilmengen von $\mathbb{R}$)

Intervalltypen

- **Abgeschlossenes Intervall von *a* bis *b***
  $[a;\, b]$ ist die Menge aller $x \in \mathbb{R}$ mit $a \leq x \leq b$.
  Die Randwerte *a* und *b* gehören zum Intervall.

- **Offenes Intervall von *a* bis *b***
  $]a;\, b[$ ist die Menge aller $x \in \mathbb{R}$ mit $a < x < b$.
  Die Randwerte *a* und *b* gehören nicht zum Intervall.

- **Rechtsoffenes Intervall von *a* bis *b***
  $[a;\, b[$ ist die Menge aller $x \in \mathbb{R}$ mit $a \leq x < b$.
  Der Randwert *a* gehört zum Intervall, *b* nicht.

- **Linksoffenes Intervall von *a* bis *b***
  $]a;\, b]$ ist die Menge aller $x \in \mathbb{R}$ mit $a < x \leq b$.
  Der Randwert *b* gehört zum Intervall, *a* nicht.

- **Linksoffenes Intervall von $-\infty$ bis *a***
  $]-\infty;\, a]$ ist die Menge aller $x \in \mathbb{R}$ mit $x \leq a$.
  Der Randwert *a* gehört zum Intervall.

- **Offenes Intervall von *a* bis $+\infty$**
  $]a;\, +\infty[$ ist die Menge alle $x \in \mathbb{R}$ mit $a < x$.
  Der Randwert *a* gehört nicht zum Intervall.

PRAKTISCHES RECHNEN

1 Teiler und Vielfache

BLICKPUNKT

Das dekadische Positionssystem

Unser dekadisches Positionssystem geht auf den indischen Kulturkreis zurück. 773 brachte ein Inder astronomische Schriften von Bramagupta an den Hof des Kalifen Al Mansur in Bagdad. Der große arabische Mathematiker Al-Chwarizmi (787 bis etwa 850) verwertete diese 820 in seinem Lehrbuch der Arithmetik, in dem er die neuen indischen Ziffern erklärte und verwendete.
Im 12. Jahrhundert wurde dieses Buch in Spanien durch Robert von Chester übersetzt. Von dort aus traten dann die so genannten arabischen Ziffern ihren Siegeszug an. Man konnte mit den neuen Ziffern viel leichter rechnen, weil zum ersten Mal die Null verwendet wurde. Die Form der Ziffern hat sich seit ihrer Schaffung durch die Inder mehrfach verändert. Die heutige Gestalt unserer Ziffern geht auf Albrecht Dürer (1471 bis 1528) zurück.

Rechenoperationen

Stufe / Operation	Verknüpfung	a	b	c
1 / Addition	$a + b = c$	Summand	Summand	Summe
1 / Subtraktion	$a - b = c$	Minuend	Subtrahend	Differenz
2 / Multiplikation	$a \cdot b = c$	Faktor	Faktor	Produkt
2 / Division	$a : b = c;\quad b \neq 0$	Dividend	Divisor	Quotient
3 / Quadrieren	$a^2 = c$	Basis	Exponent 2	Quadrat
3 / Potenzieren	$a^b = c$	Basis	Exponent	Potenz
3 / Radizieren (Wurzelziehen)	$\sqrt[b]{a} = c;\quad a \geq 0; b \neq 1$	Radikand	Wurzelexponent	Wurzel
3 / Logarithmieren	$\log_a b = c;\quad a > 0; a \neq 1$	Basis	Numerus	Logarithmus

1.1 Teiler und Vielfache natürlicher Zahlen

Teiler	Vielfache
a heißt **Teiler** von b, wenn es ein n ($n \in \mathbb{N}$) gibt, sodass $a \cdot n = b$ gilt. (Schreibweise: $a \mid b$)	b heißt **Vielfaches** von a, wenn a ein Teiler von b ist.
gT(a, b) heißt **gemeinsamer Teiler** von a und b, wenn gT(a, b) sowohl a als auch b teilt.	gV(a, b) heißt **gemeinsames Vielfaches** von a und b, wenn sowohl a als auch b Teiler von gV(a, b) ist.
Mit **ggT(a, b)** bezeichnet man den größten gemeinsamen Teiler von a und b.	Mit **kgV(a, b)** bezeichnet man das kleinste gemeinsame Vielfache von a und b.
Bestimmung des ggT(a, b) mittels **Primfaktorzerlegung**: Man multipliziert die kleinsten Potenzen aller Primfaktoren, die sowohl in der Zerlegung von a als auch in der Zerlegung von **b** vorkommen.	Bestimmung des kgV(a, b) mittels **Primfaktorzerlegung**: Man multipliziert die höchsten Potenzen aller Primfaktoren, die in der Zerlegung von a oder in der Zerlegung von b vorkommen.

BESONDERS NÜTZLICH

Der euklidische Algorithmus

Bestimmung des ggT(135, 105) mithilfe des **euklidischen Algorithmus:**

135 : 105 = 1, Rest 30
105 : 30 = 3, Rest 15
30 : 15 = 2, Rest 0 ggT(135, 105) = 15

Bestimmung des kgV(a, b) mithilfe des euklidischen Algorithmus und der folgenden Beziehung:

$$\text{kgV}(a, b) = \frac{a \cdot b}{\text{ggT}(a, b)}$$

Sind zwei Zahlen a und b **teilerfremd,** so gilt ggT(a, b) = 1 und kgV(a, b) = $a \cdot b$.

1.2 Teilbarkeitsregeln und Teilbarkeitseigenschaften

Teiler	Regel ($n \in \mathbb{N}^*$)
n	Null ist durch jede Zahl teilbar, jedoch nicht durch sich selbst.
n	Jede Zahl n ist durch sich selbst teilbar.
1	Jede Zahl n (auch 0) ist durch 1 teilbar.
2	Eine Zahl ist durch 2 teilbar, wenn die letzte Ziffer durch 2 teilbar, d.h. 0, 2, 4, 6 oder 8 ist.
3	Eine Zahl ist durch 3 teilbar, wenn ihre **Quersumme** (Summe ihrer Ziffern) durch 3 teilbar ist.
4	Eine Zahl ist durch 4 teilbar, wenn ihre letzten beiden Ziffern eine durch 4 teilbare Zahl bilden.
5	Eine Zahl ist durch 5 teilbar, wenn die letzte Ziffer durch 5 teilbar, d.h. 0 oder 5 ist.
6	Eine Zahl ist durch 6 teilbar, wenn sie durch 2 und durch 3 teilbar ist.
8	Eine Zahl ist durch 8 teilbar, wenn ihre letzten drei Ziffern eine durch 8 teilbare Zahl bilden.
9	Eine Zahl ist durch 9 teilbar, wenn ihre **Quersumme** (Summe ihrer Ziffern) durch 9 teilbar ist.
10	Eine Zahl ist durch 10 teilbar, wenn ihre letzte Ziffer eine 0 ist.
25	Eine Zahl ist durch 25 teilbar, wenn ihre letzten beiden Ziffern 00, 25, 50 oder 75 sind.

BESONDERS NÜTZLICH

Teilbarkeitsbeziehungen

Aus $a \mid b$ folgt $a \mid (b \cdot c)$.

Aus $a \mid b$ und $a \mid c$ folgt $a \mid (b + c)$.

Aus $a \mid b$ folgt $(a \cdot c) \mid (b \cdot c)$.

Aus $a \mid c$ und $b \mid c$ und ggT(a, b) = 1 folgt $(a \cdot b) \mid c$.

Aus $a \mid b$ und $c \mid d$ folgt $(a \cdot c) \mid (b \cdot d)$.

Aus $a \mid b$ und $a \mid c$ folgt $a \mid (b - c)$.

Aus $a \mid b$ und $b \mid c$ folgt $a \mid c$.

2 Bruchrechnung

Grundbegriffe und Bruchoperationen

Für alle Formeln in diesem Abschnitt gilt: $a, b, c, d \in \mathbb{Z}$; Nenner $\neq 0$

Bruch

$\frac{a}{b}$ heißt Bruch, a heißt **Zähler** und b **Nenner** des Bruches.

Kehrwert

Der Bruch $\frac{b}{a}$ heißt **Kehrwert** (**reziproker Wert**) von $\frac{a}{b}$.

Es gilt: $\frac{b}{a} \cdot \frac{a}{b} = 1$

Erweitern

$$\frac{a}{b} = \frac{a \cdot c}{b \cdot c} \quad (c \neq 0)$$

Zähler und Nenner sind mit der gleichen Zahl zu multiplizieren.

Kürzen

$$\frac{a}{b} = \frac{a : c}{b : c} \quad (c \neq 0 \text{ und } c \mid a \text{ und } c \mid b)$$

Zähler und Nenner sind durch die gleiche Zahl zu dividieren.

Addition und Subtraktion gleichnamiger Brüche

Zwei Brüche heißen gleichnamig, wenn sie denselben Nenner haben.

$$\frac{a}{b} + \frac{c}{b} = \frac{a + c}{b} \qquad \frac{a}{b} - \frac{c}{b} = \frac{a - c}{b}$$

Zähler werden addiert (subtrahiert) und der Nenner wird beibehalten.

Addition und Subtraktion ungleichnamiger Brüche

$$\frac{a}{b} + \frac{c}{d} = \frac{a \cdot d + b \cdot c}{b \cdot d} \qquad \frac{a}{b} - \frac{c}{d} = \frac{a \cdot d - b \cdot c}{b \cdot d}$$

oder: (1) gV(b, d) bzw. kgV(b, d) bestimmen (**Hauptnenner**)
(2) beide Brüche auf den Hauptnenner erweitern
(3) wie bei gleichnamigen Brüchen verfahren

Multiplikation von Brüchen

$$\frac{a}{b} \cdot \frac{c}{d} = \frac{a \cdot c}{b \cdot d} \qquad \frac{a}{b} \cdot c = \frac{a}{b} \cdot \frac{c}{1} = \frac{a \cdot c}{b}$$

Es werden Zähler mit Zähler sowie Nenner mit Nenner multipliziert.

Division von Brüchen

$$\frac{a}{b} : \frac{c}{d} = \frac{a}{b} \cdot \frac{d}{c} = \frac{a \cdot d}{b \cdot c} \qquad \frac{a}{b} : c = \frac{a}{b} \cdot \frac{1}{c} = \frac{a}{b \cdot c}$$

Es wird der Dividend mit dem Kehrwert des Divisors multipliziert.

3 Rechnen mit positiven und negativen Zahlen

Grundbegriffe und Vorzeichenregeln

Betrag einer Zahl

Der **Betrag** $|a|$ einer Zahl a entspricht dem Abstand dieser Zahl von 0 auf der Zahlengeraden.

$$|a| = \begin{cases} a, & \text{wenn } a \geq 0 \\ -a, & \text{wenn } a < 0 \end{cases}$$

$$|a| = |-a|; \quad |a| \geq 0$$

$$|a| - |b| \leq |a - b| \leq |a| + |b|$$

$$|a \cdot b| = |a| \cdot |b|$$

$$|a : b| = |a| : |b|$$

Entgegengesetzte Zahlen

Zwei Zahlen, die sich nur durch ihr Vorzeichen unterscheiden (also den gleichen Betrag haben), heißen **zueinander entgegengesetzt**. Die Zahl 0 ist zu sich selbst entgegengesetzt.

Die entgegengesetzte Zahl **(Gegenzahl, Kehrzahl)** von a ist $-a$.

Bei der formelmäßigen Darstellung der Rechenregeln stehen die Variablen a und b für die Beträge reeller Zahlen.

Addition

Zwei Zahlen mit **gleichen Vorzeichen** werden addiert, indem man ihre Beträge addiert. Die Summe erhält das gemeinsame Vorzeichen.

$(+a) + (+b) = +(a + b)$ $\qquad$ $(+2) + (+5) = +(2 + 5) = +7$

$(-a) + (-b) = -(a + b)$ $\qquad$ $(-3) + (-4) = -(3 + 4) = -7$

Zwei Zahlen mit **verschiedenen Vorzeichen** werden addiert, indem man die Differenz der Beträge berechnet. Das Ergebnis erhält das Vorzeichen der Zahl mit dem größeren Betrag.

$(+a) + (-b) = -(b - a)$ $\quad (b > a)$ $\qquad$ $(+2) + (-5) = -(5 - 2) = -3$

$(-a) + (+b) = +(b - a)$ $\quad (b > a)$ $\qquad$ $(-3) + (+4) = +(4 - 3) = +1$

Subtraktion

Eine Zahl b wird von einer Zahl a subtrahiert, indem man zu a **die entgegengesetzte** Zahl von b addiert.

$(+a) - (+b) = (+a) + (-b) = -(b - a)$ $\qquad$ $(+2) - (+3) = (+2) + (-3) = -(3 - 2) = -1$

$(-a) - (-b) = (-a) + (+b) = +(b - a)$ $\qquad$ $(-3) - (-4) = (-3) + (+4) = +(4 - 3) = +1$

$(+a) - (-b) = (+a) + (+b) = +(a + b)$ $\qquad$ $(+2) - (-3) = (+2) + (+3) = +(2 + 3) = +5$

$(-a) - (+b) = (-a) + (-b) = -(a + b)$ $\qquad$ $(-3) - (+4) = (-3) + (-4) = -(3 + 4) = -7$

Multiplikation

Zwei Zahlen mit **gleichen Vorzeichen** werden multipliziert, indem man ihre Beträge multipliziert. Das Produkt erhält das positive Vorzeichen.

$(+a) \cdot (+b) = +(a \cdot b)$ $\qquad$ $(+2) \cdot (+3) = +(2 \cdot 3) = +6$

$(-a) \cdot (-b) = +(a \cdot b)$ $\qquad$ $(-2) \cdot (-3) = +(2 \cdot 3) = +6$

Zwei Zahlen mit **verschiedenen Vorzeichen** werden multipliziert, indem man ihre Beträge multipliziert. Das Produkt erhält das negative Vorzeichen.

$(+a) \cdot (-b) = -(a \cdot b)$ $\qquad$ $(+2) \cdot (-3) = -(2 \cdot 3) = -6$

$(-a) \cdot (+b) = -(a \cdot b)$ $\qquad$ $(-2) \cdot (+3) = -(2 \cdot 3) = -6$

Grundbegriffe und Vorzeichenregeln (Fortsetzung)

Division (Nenner ≠ 0)

Durch eine Zahl wird dividiert, indem man mit dem **Kehrwert** dieser Zahl multipliziert.
Es gelten dann wieder die Vorzeichenregeln der Multiplikation.

$(+a) : (+b) = (+a) \cdot (+\frac{1}{b}) = +\frac{a}{b}$	$(+9) : (+3) = (+9) \cdot (+\frac{1}{3}) = +\frac{9}{3} = +3$
$(-a) : (-b) = (-a) \cdot (-\frac{1}{b}) = +\frac{a}{b}$	$(-9) : (-3) = (-9) \cdot (-\frac{1}{3}) = +\frac{9}{3} = +3$
$(+a) : (-b) = (+a) \cdot (-\frac{1}{b}) = -\frac{a}{b}$	$(+8) : (-4) = (+8) \cdot (-\frac{1}{4}) = -\frac{8}{4} = -2$
$(-a) : (+b) = (-a) \cdot (+\frac{1}{b}) = -\frac{a}{b}$	$(-8) : (+4) = (-8) \cdot (+\frac{1}{4}) = -\frac{8}{4} = -2$

4 Termumformungen

Für alle Formeln in diesem Abschnitt gilt: *a, b, c, d* sind in ℝ erklärte Terme.

Rechengesetze

	Kommutativgesetz
$a + b = b + a$	■ Kommutativgesetz (Vertauschungsgesetz) der Addition
$a \cdot b = b \cdot a$	■ Kommutativgesetz (Vertauschungsgesetz) der Multiplikation
	Assoziativgesetz
$a + (b + c) = (a + b) + c$	■ Assoziativgesetz (Verbindungsgesetz) der Addition
$a \cdot (b \cdot c) = (a \cdot b) \cdot c$	■ Assoziativgesetz (Verbindungsgesetz) der Multiplikation
	Distributivgesetz
$a \cdot (b + c) = a \cdot b + a \cdot c$	■ Distributivgesetz (Verteilungsgesetz)

Binomische Formeln

$(a + b)^2 = a^2 + 2ab + b^2$	(1. binomische Formel)
$(a - b)^2 = a^2 - 2ab + b^2$	(2. binomische Formel)
$(a + b)(a - b) = a^2 - b^2$	(3. binomische Formel)

$(a + b)^3 = a^3 + 3a^2b + 3ab^2 + b^3$
$(a - b)^3 = a^3 - 3a^2b + 3ab^2 - b^3$
$(a - b)(a^2 + ab + b^2) = a^3 - b^3$

BESONDERS NÜTZLICH

Hilfen beim Kopfrechnen durch binomische Formeln

- **Viele Aufgaben lassen sich als binomische Formeln darstellen:**

$104^2 = (100 + 4)^2 = 100^2 + 2 \cdot 4 \cdot 100 + 4^2 = 10000 + 800 + 16 = 10816$
$87 \cdot 93 = (90 - 3) \cdot (90 + 3) = 90^2 - 3^2 = 8100 - 9 = 8091$

Vorrangregeln

- Was in Klammern steht, wird zuerst berechnet.

$(3 + 2) \cdot 4 = 5 \cdot 4 = 20$

- Potenz- und Wurzelberechnung geht vor „Punktrechnung" und diese vor „Strichrechnung".

$3 \cdot 5 + 2 = 15 + 2 = 17$

$4 \cdot \sqrt{2+7} = 4 \cdot \sqrt{9} = 4 \cdot 3 = 12$

$3 \cdot (a + b)^2 = 3 \cdot (a^2 + 2ab + b^2) = 3a^2 + 6ab + 3b^2$

BESONDERS NÜTZLICH

Rechnen mit Klammern

- **Plusklammerregel** $+(a + b - c) = a + b - c$
  Das Pluszeichen vor der Klammer und die Klammer können weggelassen werden. An den Vorzeichen in der Klammer ändert sich nichts.
  $+(3 + 4 - 2) = 3 + 4 - 2 = 5$

- **Minusklammerregel** $-(a + b - c) = +(-a - b + c) = -a - b + c$
  Um das Minuszeichen vor der Klammer und die Klammer weglassen zu können, müssen alle Vorzeichen innerhalb der Klammer umgekehrt werden.
  $-(3 + 4 - 2) = +(-3 - 4 + 2) = -3 - 4 + 2 = -5$

- **Ausmultiplizieren** $a(b + c - d) = ab + ac - ad$
  Zum Multiplizieren einer Summe mit einer Zahl a wird jeder einzelne Summand mit der Zahl a multipliziert. Dabei kommen die Vorzeichenregeln zur Anwendung.
  $3(5 + 4 - 2) = 3 \cdot 5 + 3 \cdot 4 - 3 \cdot 2 = 15 + 12 - 6 = 21$

- **Ausklammern** $ab + ac - ad = a(b + c - d)$
  Beim Ausklammern einer Zahl a wird jeder Summand durch die Zahl a dividiert. Dabei kommen die Vorzeichenregeln zur Anwendung.

- **Multiplikation von Summen** $(a + b) \cdot (c + d) = a \cdot c + a \cdot d + b \cdot c + b \cdot d$

  Bei der Multiplikation zweier Summen wird jeder Summand der ersten Klammer mit jedem Summanden der zweiten Klammer multipliziert und der Ausdruck als Summe aufgeschrieben.
  $(a + 1) \cdot (a + 3) = a^2 + 3a + a + 3 = a^2 + 4a + 3$

5 Potenzen, Wurzeln und Logarithmen

5.1 Potenzen

Definition

$a^n = \underbrace{a \cdot a \cdot \ldots \cdot a}_{n \text{ Faktoren } a}$ mit $a \in \mathbb{R} \setminus \{0\}$; $n \in \mathbb{N}$.

Man nennt a^n **Potenz,** a **Basis,** n **Exponent.**

$a^2 = a \cdot a$ heißt **Quadrat.**

Es gilt: $a^0 = 1$, $a^1 = a$, $a^{-n} = \frac{1}{a^n}$

$a^{\frac{p}{q}} = (a^p)^{\frac{1}{q}} = \sqrt[q]{a^p}$ mit $a \in \mathbb{R}$, $a > 0$, $p \in \mathbb{Z}$, $q \in \mathbb{N}^*$

Potenzgesetze

Die Gesetze gelten für alle $m, n \in \mathbb{R}$ bei positiven reellen Basen. Für $m, n \in \mathbb{Z}$ gelten sie bei Basen aus $\mathbb{R}\setminus\{0\}$.

gleiche Basis

$a^m \cdot a^n = a^{m+n}$

$a^m : a^n = a^{m-n}$

gleicher Exponent

$a^n \cdot b^n = (a \cdot b)^n$

$a^n : b^n = (a : b)^n$

Potenzieren

$(a^m)^n = a^{mn} = (a^n)^m$

5.2 Wurzeln

Definition

$a = c^n$ ist gleichbedeutend mit $c = \sqrt[n]{a}$ (gelesen: ***n*-te Wurzel aus *a***).

$a \in \mathbb{R}$, $a \geq 0$, $n \in \mathbb{N}^*\setminus\{1\}$, $c \geq 0$

Man nennt c ***n*-te Wurzel,** a **Radikand,** n **Wurzelexponent.**

$\sqrt[2]{a} = \sqrt{a}$ heißt **Quadratwurzel.** $\sqrt[3]{a}$ heißt **Kubikwurzel.**

Wurzelgesetze

Die Gesetze gelten für alle $a, b \in \mathbb{R}$; $a, b \geq 0$; $n \in \mathbb{N}^*\setminus\{1\}$.

$\sqrt[n]{a} \cdot \sqrt[n]{b} = \sqrt[n]{a \cdot b}$

$\frac{\sqrt[n]{a}}{\sqrt[n]{b}} = \sqrt[n]{\frac{a}{b}}$ (für $b > 0$)

$\sqrt[n]{\sqrt[m]{a}} = \sqrt[m]{\sqrt[n]{a}} = \sqrt[m \cdot n]{a}$

$(\sqrt[n]{a})^m = \sqrt[n]{a^m}$

5.3 Logarithmen

Definition

$b = a^c$ ist gleichbedeutend mit $c = \log_a b$ (gelesen: **Logarithmus *b* zur Basis *a***).

$a \in \mathbb{R} \setminus \{1\}, a > 0, \; b \in \mathbb{R}, \; b > 0$

„Durch Logarithmieren bestimmt man die Größe des Exponenten."

Man nennt *c* **Logarithmus,** *a* **Basis,** *b* **Numerus.**

Es gilt: $a^{\log_a b} = b, \quad \log_a a = 1, \quad \log_a 1 = 0.$

Logarithmengesetze

$\log_a (u \cdot v) = \log_a u + \log_a v$

$\log_a u^r = r \log_a u \quad (r \in \mathbb{R})$

$\log_a \frac{u}{v} = \log_a u - \log_a v$

$\log_a \sqrt[n]{u} = \frac{1}{n} \log_a u \quad (n \in \mathbb{N}^* \setminus \{1\})$

Basiswechsel

$$\log_c b = \frac{\log_a b}{\log_a c} = \frac{\ln b}{\ln c} = \frac{\lg b}{\lg c}$$

BESONDERS NÜTZLICH

Spezielle Basen

Zehnerlogarithmus (dekadischer Logarithmus):

$\log_{10} x = \lg x.$

Es gilt: $\lg 10^n = n$

Natürlicher Logarithmus:

$\log_e x = \ln x.$

Es gilt: $\ln e^x = x.$

e = 2,71828… (eulersche Zahl)

6 Proportionen und Dreisatz

6.1 Proportionen

	Direkte Proportionalität	**Indirekte (umgekehrte) Proportionalität**
Sachverhalt	→ Größe X | a | c Größe Y | b | d →	→ Größe X | a | c Größe Y | b | d ←
Verhältnisgleichung	$\frac{a}{c} = \frac{b}{d}$ Daraus folgt: $a \cdot d = b \cdot c$	$\frac{a}{c} = \frac{d}{b}$ Daraus folgt: $a \cdot b = c \cdot d$
Proportionalitätsfaktor k	$b = k \cdot a$ $d = k \cdot c$ Daraus folgt: $k = \frac{b}{a} = \frac{d}{c}$ **(quotientengleich)**	$b = k \cdot \frac{1}{a}$ $d = k \cdot \frac{1}{c}$ Daraus folgt: $k = a \cdot b = c \cdot d$ **(produktgleich)**

6.2 Mittelwerte

	Proportion und Formel	Allgemeine Formel
Arithmetisches Mittel	$\frac{a - x}{\bar{x} - b} = \frac{1}{1}$ Daraus folgt: $\bar{x} = \frac{a + b}{2}$	$\bar{x} = \frac{a_1 + a_2 + \ldots + a_n}{n}$
Geometrisches Mittel g (mittlere Proportionale)	$\frac{a}{g} = \frac{g}{b}$ Daraus folgt: $g = \sqrt{ab}$ $a, b > 0$	$g = \sqrt[n]{a_1 \cdot a_2 \cdot \ldots \cdot a_n}$ $a_i \geq 0$
Harmonisches Mittel h	$\frac{a - h}{h - b} = \frac{a}{b}$ Daraus folgt: $h = \frac{2ab}{a + b}$	$h = \frac{n}{\frac{1}{a_1} + \frac{1}{a_2} + \ldots + \frac{1}{a_n}}$

Zusammenhänge zwischen Mittelwerten

- $(a_i)_{Max} \geq \bar{x} \geq g \geq h \geq (a_i)_{Min}$ für $a_i \geq 0$ (nach Cauchy)
- $g = \sqrt{h \cdot \bar{x}}$ für zwei Werte a, b

Goldener Schnitt

$\frac{a}{x} = \frac{x}{a-x}$

Daraus folgt: $x = \frac{\sqrt{5}-1}{2} \cdot a$

$x \approx 0{,}618 \cdot a$

$a \approx 1{,}618 \cdot x$

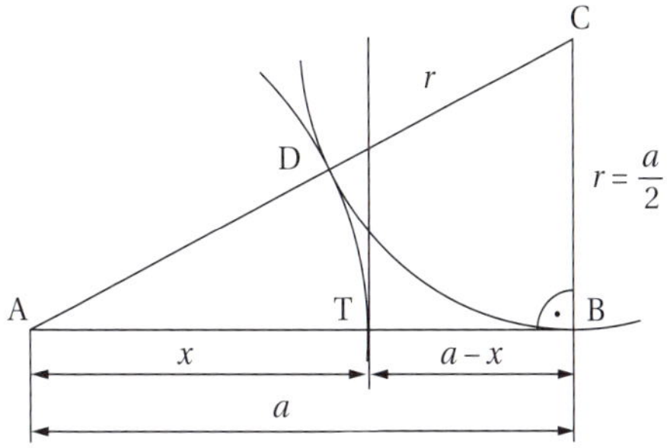

Konstruktionsbeschreibung:

1. In B wird die Senkrechte errichtet und auf dieser Senkrechten von B aus die Strecke $r = \frac{a}{2}$ abgetragen. Man erhält den Punkt C.
2. A wird mit C verbunden.
3. Um C wird ein Kreis mit dem Radius $r = \frac{a}{2}$ gezeichnet. Der Schnittpunkt mit der Strecke AC ist D.
4. Um *A* wird ein Kreis mit dem Radius AD gezeichnet. Der Schnittpunkt mit der Strecke AB ist T, der gesuchte Teilungspunkt.

6.3 Dreisatz

Verfahren bei direkter Proportionalität

- Schluss vom Wert der bekannten Mehrheit
- auf den Wert für eine (Mengen-)Einheit und
- von dieser Einheit auf die gesuchte Mehrheit

Wie viel bezahlt man für 750 g Tee, wenn 400 g 12,00 € kosten?

400 g ≙ 12,00 €

(: 400 | : 400)

1 g ≙ 0,03 €

(· 750 | · 750)

750 g ≙ 22,50 €

Verfahren bei indirekter Proportionalität

- Schluss vom Wert der bekannten Mehrheit
- auf den Wert für eine (Mengen-)Einheit und
- von dieser Einheit auf die gesuchte Mehrheit

Fünf Kühe kommen mit einer bestimmten Futtermenge 16 Tage aus. Wie viel Tage reicht das Futter für 8 Kühe?

5 Kühe ≙ 16 Tage

(: 5 | · 5)

1 Kuh ≙ 80 Tage

(· 8 | : 8)

8 Kühe ≙ 10 Tage

6.4 Kettensatz

Verfahren

Der **Kettensatz** ist ein Verfahren, bei dem über logische Schlüsse aus mehreren bekannten Größen auf eine unbekannte Größe geschlossen wird. Es handelt sich dabei um eine Aufeinanderfolge von Dreisätzen bei direkter Proportionalität.

Dieses Verfahren wird z. B. bei Preisberechnungen mit ausländischen Währungen und Maßen angewendet.

Wie viel Euro kosten 50 m Stoff aus den USA, wenn dieser dort zu 8,90 \$ das Yard gehandelt wird?
(11 m ≈ 12 yds,
Kurs: 1 € ≙ 1,0253 \$)

- Entwickeln der Kette:
  - Die Kette beginnt mit der Frage nach der gesuchten Größe.
  - Der linke Term jeder folgenden Gleichung hat die gleiche Einheit wie der rechte Term der vorhergehenden Gleichung.
  - Die Kette ist geschlossen, wenn erste und letzte Einheit übereinstimmen.

x € ≙ 50 m

11 m ≙ 12 yds
1 yd ≙ 8,90 \$

1,0235 \$ ≙ 1 €

- Ausrechnen der Kette:
  - Produkt der Zahlen der rechten Terme in den Zähler eines Bruches, Produkt der Zahlen der linken Terme in dessen Nenner schreiben und Bruch berechnen.

$$x = \frac{50 \cdot 12 \cdot 8{,}90}{11 \cdot 1{,}0253} \text{ €} = 473{,}48 \text{ €}$$

6.5 Mischungsrechnen

Mischungskreuz-Regel

- Berechnen des Mischungsverhältnisses von zwei Sorten bei vorgegebenen Preisen
- **Mischungskreuz-Regel:** Die zu mischenden Sorten sind im umgekehrten Verhältnis ihrer Preisdifferenzen zur Mischungssorte zu mischen.

In welchem Verhältnis müssen zwei Sorten (z. B. Tee; Sorte 1 kostet P_1 €/kg, Sorte 2 kostet P_2 €/kg) gemischt werden, damit die Mischsorte P_G €/kg kostet?

P: Preis
M: Menge, Anteil

		Unterschied zu P_G berechnen und eventuell kürzen	Anteil
Sorte 1:	P_1 (€/kg)	$\lvert P_G - P_1 \rvert$ ↘	M_1
Mischung:	P_G (€/kg)		
Sorte 2:	P_2 (€/kg)	$\lvert P_G - P_2 \rvert$ ↗	M_2

Es gilt also:

$$\frac{\lvert P_G - P_2 \rvert}{\lvert P_G - P_1 \rvert} = \frac{M_1}{M_2}$$

Probe: $M_1 \cdot P_1 + M_2 \cdot P_2 = (M_1 + M_2) \cdot P_G$

7 Prozent- und Zinsrechnung

7.1 Prozentrechnung

Grundbegriffe

- Grundwert: G
  Prozentwert: W
  Prozentzahl: p
- Prozentsatz: p % $\quad p\,\% = \frac{p}{100}$
- Promillesatz: p ‰ $\quad p\,‰ = \frac{p}{1000}$ $\quad$ Umrechnung: 1 % = 10 ‰

Grundgleichung der Prozentrechnung

$G : 100 = W : p$ oder $\frac{G}{100} = \frac{W}{p}$

Daraus folgt: $W = \frac{p \cdot G}{100} \quad p = \frac{W \cdot 100}{G} \quad G = \frac{W \cdot 100}{p}$

BESONDERS NÜTZLICH

„Bequeme" Prozentsätze

Mit diesen Prozentsätzen lässt sich besonders leicht rechnen, weil sie als einfache Brüche darstellbar sind. Daher eignen sie sich auch für Berechnungen im Kopf.

Prozentsatz	1 %	2 %	$2\frac{1}{2}$ %	$3\frac{1}{3}$ %	4 %	5 %	$6\frac{1}{4}$ %	$6\frac{2}{3}$ %	10 %	$12\frac{1}{2}$ %
Anteil am Grundwert	$\frac{1}{100}$	$\frac{1}{50}$	$\frac{1}{40}$	$\frac{1}{30}$	$\frac{1}{25}$	$\frac{1}{20}$	$\frac{1}{16}$	$\frac{1}{15}$	$\frac{1}{10}$	$\frac{1}{8}$
Prozentsatz	20 %	25 %	30 %	$33\frac{1}{3}$ %	40 %	50 %	60 %	$66\frac{2}{3}$ %	75 %	80 %
Anteil am Grundwert	$\frac{1}{5}$	$\frac{1}{4}$	$\frac{3}{10}$	$\frac{1}{3}$	$\frac{2}{5}$	$\frac{1}{2}$	$\frac{3}{5}$	$\frac{2}{3}$	$\frac{3}{4}$	$\frac{4}{5}$
Prozentsatz	90 %	100 %	125 %	150 %	200 %	300 %	400 %	500 %	600 %	700 %
Anteil am Grundwert	$\frac{9}{10}$	1	$\frac{5}{4}$	$\frac{3}{2}$	2	3	4	5	6	7

7.2 Zinsrechnung

Grundbegriffe

K	Kapital	#	Zinszahl ($\# = \frac{1}{100} \cdot K \cdot t$)
Z	Zinsen	q	Zinsfaktor ($q = \frac{100 + p}{100} = 1 + \frac{p}{100}$)
R	Rate, Rente	D	Zinsdivisor ($D = \frac{360}{p}$)
p %	Zinssatz des Kapitals	t	Anzahl der Tage
p. a.	per annum (pro Jahr)	m	Anzahl der Monate
S	Schuld, Darlehen	n	Anzahl der Jahre

Zinsen in verschiedenen Zeiträumen

Jahreszinsen	$Z = \frac{K \cdot p}{100}$	$Z_n = \frac{K \cdot p \cdot n}{100}$
Monatszinsen	$Z_m = \frac{K \cdot p \cdot m}{100 \cdot 12}$	
Tageszinsen (Diskont)	$Z_t = \frac{K \cdot p \cdot t}{100 \cdot 360} = \frac{\#}{D}$	
Rendite (effektive Jahresverzinsung)	$p = \frac{Z \cdot 100}{K}$	
Zinseszinsen (Endwert K_n des Anfangskapitals K_0 nach n Jahren)	$K_n = K_0 \cdot q^n = K_0 \cdot \left(\frac{100 + p}{100}\right)^n$	$n = \frac{\lg K_n - \lg K_0}{\lg q}$

1 Jahr = 360 Tage; 1 Monat = 30 Tage (im deutschen Bankwesen)

BESONDERS NÜTZLICH

„Bequeme" Zinsdivisoren (Zinsteiler)

Diese Zinsteiler sind sinnvoll zur Berechnung von Tageszinsen und des Diskonts.

Zinssatz	0,5 %	1 %	2 %	$2\frac{1}{2}$ %	$2\frac{2}{3}$ %	3 %	$3\frac{1}{3}$ %	$3\frac{3}{4}$ %	4 %
Zinsdivisor	720	360	180	144	135	120	108	96	90
Zinssatz	$4\frac{1}{2}$ %	5 %	6 %	$6\frac{2}{3}$ %	$7\frac{1}{2}$ %	8 %	9 %	10 %	12 %
Zinsdivisor	80	72	60	54	48	45	40	36	30

GLEICHUNGSLEHRE

1 Äquivalenzumformungen von Gleichungen und Ungleichungen

BLICKPUNKT

Variable

Eine Variable ist ein Zeichen für ein Objekt aus einer Menge gleichartiger Objekte. Diese Menge heißt der Grundbereich *G* oder der Variablengrundbereich.
Variablen werden meist durch Buchstaben (a, b, x, y, t, g, A, M) dargestellt.

$n \in \mathbb{N}$ Die Variable n ist ein Zeichen für eine beliebige Zahl aus dem Grundbereich $\mathbb{N}$ (Menge der natürlichen Zahlen).

Term

Ein Term ist eine sinnvolle mathematische Zeichenreihe ohne Relationszeichen.
Terme, die den gleichen Wert haben, heißen gleichwertig. Dies ist abhängig vom jeweiligen Grundbereich.

Terme:	$6a + \frac{3}{4}a$	$x^2 - y^2$	$\cos y$
keine Terme:	$4 > 2$	$3 \cdot x = 21$	$4a - a \neq 23$
gleichwertige Terme:	$24 : 6$ und $2 \cdot 2$	$x - 2$ und $\frac{x^2 - 4}{x + 2}$ für $G = \mathbb{N}$, aber nicht für $G = \mathbb{Z}$	

Gleichung

Verbindet man zwei Terme mit einem Gleichheitszeichen, entsteht eine Gleichung.

$8x + 72 = 3x + 2$ $6x^2 - 12 = 42$

Ungleichung

Eine Ungleichung entsteht, wenn zwei Terme durch eines der Zeichen $<$; $>$; $\leq$; $\geq$ oder $\neq$ verbunden werden.

$3x + 4 \leq 18$ $8x > 18 - x$

Grundbereich

Alle Zahlen oder Größen, die anstelle der Variablen eingesetzt werden können, bilden den Grundbereich.

Je nach Aufgabenstellung gilt z. B. $G = \mathbb{N}$; $G = \mathbb{Z}$ oder $G = \mathbb{Q}$.

Lösungsmenge

Alle Elemente des Grundbereiches, die beim Einsetzen in die Gleichung oder Ungleichung eine wahre Aussage ergeben, bilden die Lösungsmenge.

$3x + 1 = 13$ $G = \mathbb{N}$ $L = \{4\}$

Bruchgleichung

Eine Gleichung wird genau dann zur Bruchgleichung, wenn sie mindestens einen Bruchterm enthält, d. h., wenn die Variable mindestens einmal im Nenner eines Bruches erscheint.
Zum Grundbereich gehören alle Zahlen oder Größen, bei deren Einsetzen der Wert des Nenners des Bruchterms ungleich Null ist.

$\frac{4}{5 - y} = 4$ $G = \mathbb{Q}\backslash\{5\}$ $L = \{4\}$

Äquivalenz und Äquivalenzumformungen

Zwei Gleichungen (Ungleichungen) nennt man bezüglich eines Zahlenbereiches zueinander äquivalent, wenn sie in diesem Zahlenbereich die gleiche Lösungsmenge besitzen. Es seien T_1 und T_2 Terme, die auf der linken bzw. rechten Seite einer Gleichung (Ungleichung) stehen. Dann gilt bei der

Addition oder Subtraktion gleicher Terme *T* auf beiden Seiten der Gleichung (Ungleichung):

$T_1 = T_2$ $\quad T_1 \pm T = T_2 \pm T$

$T_1 < T_2$ $\quad T_1 \pm T < T_2 \pm T$ Das Relationszeichen bleibt gleich.

$4x - 1 = 8 \quad | +1$
$4x = 9$

$3 - x < -2 \quad | -3$
$-x < -5$

Multiplikation oder Division beider Seiten der Gleichung (Ungleichung) mit einem Term $T > 0$:

$T_1 = T_2$ $\quad T_1 \cdot T = T_2 \cdot T$
$\quad T_1 : T = T_2 : T$

$T_1 < T_2$ $\quad T_1 \cdot T < T_2 \cdot T$
$\quad T_1 : T < T_2 : T$ Das Relationszeichen bleibt gleich.

$\frac{1}{2}x = 8 \quad | \cdot 2$
$x = 16$

$4x < 16 \quad | : 4$
$x < 4$

Multiplikation oder Division beider Seiten der Gleichung (Ungleichung) mit einem Term $T < 0$:

$T_1 = T_2$ $\quad T_1 \cdot T = T_2 \cdot T$
$\quad T_1 : T = T_2 : T$

$T_1 < T_2$ $\quad T_1 \cdot T > T_2 \cdot T$ Das Relationszeichen „<" muss durch
$\quad T_1 : T > T_2 : T$ „>" ersetzt werden.

$-2x = 4 \quad | : (-2)$
$x = -2$

$-x < -5 \quad | : (-1)$
$x > 5$

BESONDERS NÜTZLICH

Formeln

Für das Umstellen von Variablen in Formeln gelten die gleichen Regeln wie beim Umformen von Gleichungen. Mit Variablen wird wie mit Zahlen und Größen gerechnet.

$A = \frac{a + c}{2} \cdot h$ nach c umstellen:

$A = \frac{a + c}{2} \cdot h \quad | \cdot 2$

$2A = (a + c) \cdot h \quad | : h$

$\frac{2A}{h} = a + c \quad | -a$

$c = \frac{2A}{h} - a$

2 Lineare Gleichungen und Gleichungssysteme

2.1 Lineare Gleichungen mit einer Variablen

Lösen linearer Gleichungen

■ Lösen der Gleichung	Gleichungen kann man lösen, indem man z. B. durch Anwenden der Umformungsregeln diese Gleichungen vereinfacht.	
■ Normalform:	$ax + b = 0$	$a, b \in \mathbb{R}$
■ Lösung *x*, Lösungsmenge *L*	$x = -\frac{b}{a}$ $L = \{-\frac{b}{a}\}$	$a \neq 0$

2.2 Lineare Gleichungssysteme aus zwei Gleichungen mit zwei Variablen

Gleichungssysteme

■ Normalform:

$$\begin{array}{ll} \text{(I)} & a_1x + b_1y = c_1 \\ \text{(II)} & a_2x + b_2y = c_2 \end{array}$$

$a_1, b_1, c_1, a_2, b_2, c_2 \in \mathbb{R}$
$a_1, b_1, c_1, a_2, b_2, c_2$ konstant

■ Lösungsformeln:

$$x = \frac{c_1b_2 - c_2b_1}{a_1b_2 - a_2b_1} \qquad y = \frac{a_1c_2 - a_2c_1}{a_1b_2 - a_2b_1} \qquad (a_1b_2 - a_2b_1 \neq 0)$$

Rechnerische Lösungsverfahren

Einsetzungsverfahren:	(I)	eine Gleichung nach *x* auflösen
	(II)	den Term für *x* in die andere Gleichung einsetzen
	(III)	Lösung für *y* in der Gleichung aus (II) ermitteln
	(IV)	*y* in die Gleichung aus (I) einsetzen und *x* ermitteln
Gleichsetzungsverfahren:	(I), (II)	beide Gleichungen nach einer Variablen auflösen (z. B. nach *x*)
	(III)	den Term für *x* aus (I) und aus (II) gleichsetzen und *y* ermitteln
	(IV)	*y* in eine Ausgangsgleichung einsetzen und *x* ermitteln
Additionsverfahren:	(I)	beide Gleichungen addieren bzw. subtrahieren, um eine Gleichung mit nur einer Variablen (z. B. *y*) zu erhalten
	(II)	diese Gleichung nach *y* auflösen
	(III)	*y* in eine Ausgangsgleichung einsetzen und *x* ermitteln

Grafisches Lösungsverfahren

Gleichungssysteme kann man grafisch lösen, indem man die Graphen der zu den beiden linearen Gleichungen gehörigen linearen Funktionen in einem Koordinatensystem zeichnet.

1. Fall
Geraden schneiden einander im Punkt $S(x_S;\ y_S)$.
$L = \{(x_S;\ y_S)\}$
genau eine Lösung

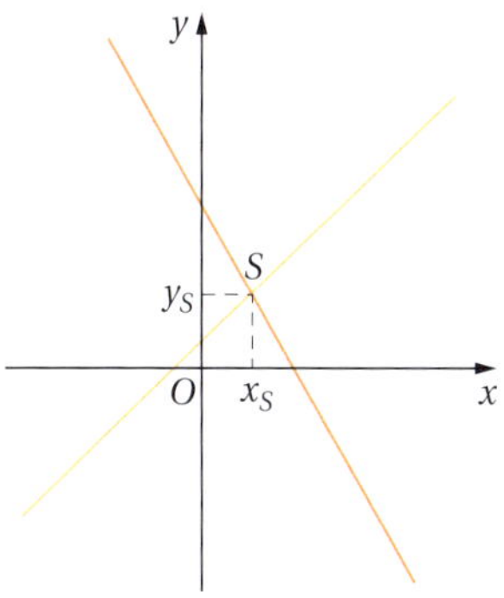

2. Fall
Geraden sind zueinander parallel.
$L = \emptyset$
keine Lösung

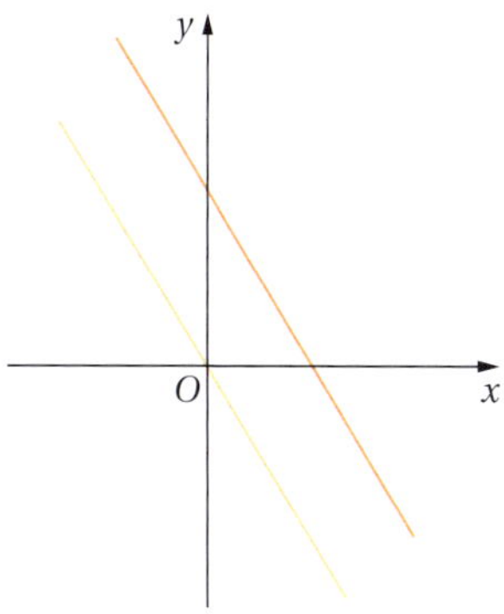

3. Fall
Geraden fallen zusammen.
$L = \{(x;\ y)\}$ mit $x \in \mathbb{R}$ und
$y = mx + n$
unendlich viele Lösungen

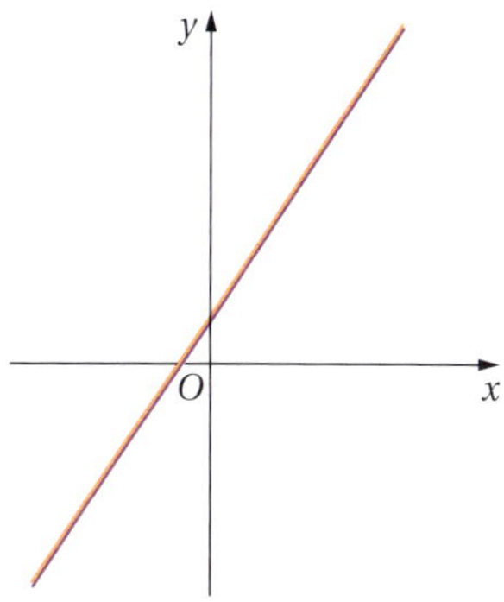

2.3 Lineare Gleichungssysteme aus drei Gleichungen mit drei Variablen

Gleichungssysteme

- Normalform:

(I) $a_1x + b_1y - c_1$
(II) $a_2x + b_2y = c_2$
(II) $a_3x + b_3y = c_3$

$a_1, b_1, c_1, a_2, b_2, c_2, a_3, b_3, c_3 \in \mathbb{R}$
$a_1, b_1, c_1, a_2, b_2, c_2, a_3, b_3, c_3$ konstant

Rechnerisches Lösungsverfahren

I $3x - y - z = 1$
II $4y - 8z = -4$
III $z = 1$

Da z = 1 ist, kann man diesen Wert in II einsetzen und y bestimmen.

II $4y - 8 \cdot 1 = -4$ | +8
$4y = 4$ | :4
$y = 1$

Jetzt werden die Werte für y und z in I eingesetzt, um x zu ermitteln.

I $3x - 1 - 1 = 1$ | +2
$3x = 3$ | :3
$x = 1$

Die Lösungsmenge ist $L = \{(1\,|\,1\,|\,1)\}$

3 Quadratische Gleichungen

Quadratische Gleichungen und Lösungsformel

Allgemeine Form der quadratischen Gleichungen

$ax^2 + bx + c = 0$ $a, b, c \in \mathbb{R}$; a, b, c konstant; $a \neq 0$

Normalform

$x^2 + px + q = 0$ $p = \frac{b}{a}$; $q = \frac{c}{a}$ $p, q \in \mathbb{R}$

- Lösung $x_{1;2} = -\frac{p}{2} \pm \sqrt{\left(\frac{p}{2}\right)^2 - q}$ $D = \frac{p^2}{4} - q = (\frac{p}{2})^2 - q$ **(Diskriminante)**

- Anzahl der Lösungen

$D > 0$	$D = 0$	$D < 0$
$x_1 = -\frac{p}{2} + \sqrt{D}$ $x_2 = -\frac{p}{2} - \sqrt{D}$	$x_1 = x_2 = -\frac{p}{2}$	$\sqrt{D}$ für $D < 0$ n. def.
zwei Lösungen	eine Lösung	keine Lösung
$L = \left\{-\frac{p}{2} + \sqrt{D}; -\frac{p}{2} - \sqrt{D}\right\}$	$L = \left\{-\frac{p}{2}\right\}$	$L = \{\}$

- **Satz von Vieta** $x_1 + x_2 = -p$ $x_1 \cdot x_2 = q$

Anwendungen

- Berechnen der zweiten Lösung, wenn eine Lösung bekannt ist
  $x^2 - 12x + 32 = 0$ $x_1 = 4$ $x_1 \cdot x_2 = q$ $4 \cdot x_2 = 32$ $x_2 = 8$

- Durchführen der Probe
  $x^2 - 12x + 32 = 0$; $x_1 = 4$; $x_2 = 8$ $x_1 \cdot x_2 = q$ $4 \cdot 8 = 32$
  $x_1 + x_2 = -p$ $4 + 8 = -(-12)$

- Berechnen von p und q
  $x^2 + px + q = 0$; $x_1 = 4$; $x_2 = 8$ $x_1 \cdot x_2 = q$ $4 \cdot 8 = 32$ $q = 32$
  $x_1 + x_2 = -p$ $4 + 8 = 12$ $p = -12$

- **Sonderfälle**

$p = 0; q = 0$	$x^2 = 0$	$L = \{0\}$
$p \neq 0; q = 0$	$x^2 + px = 0$ $x(x + p) = 0$	$L = \{0; -p\}$
$p = 0; q \neq 0$	$x^2 + q = 0$	wenn $q > 0$: keine Lösung in $\mathbb{R}$ wenn $q < 0$: $L = \{-\sqrt{\lvert q \rvert}; \sqrt{\lvert q \rvert}\}$

GEOMETRIE

1 Planimetrie

BLICKPUNKT

Planimetrie und **Stereometrie** sind Teilgebiete der Geometrie.
geometrein (griech.) – Land vermessen, ausmessen
planus (lat.) – eben, flach; metrein (griech.) – messen; stereos (griech.) – fest, hart

Ebene
Eine Ebene ist eine nach allen Richtungen unbegrenzte ebene Fläche. Sie wird häufig mit dem griechischen Buchstaben ε (Epsilon) bezeichnet. Jede Ebene ist eine unendliche Punktmenge.

Linie
Jede Linie ist eine unendliche Punktmenge. Zugleich ist jede Linie eine echte Teilmenge der Ebene. Linien werden mit kleinen Buchstaben (z.B. *g*, *h*, *l*, ...) bezeichnet. Gerade Linien werden **Geraden** genannt.

Punkte
Schneiden einander zwei Linien, legen sie dort einen Schnittpunkt fest. Punkte werden meist mit einem Kreuz markiert und in der Regel mit großen Buchstaben (z.B. *A*, *P*, *M*, ...) bezeichnet.

Symbolerklärung

AB	Gerade durch die Punkte *A* und *B*
$\overline{AB}$	Länge der Strecke mit den Endpunkten *A* und *B*

Grundkonstruktionen

Mittelsenkrechte

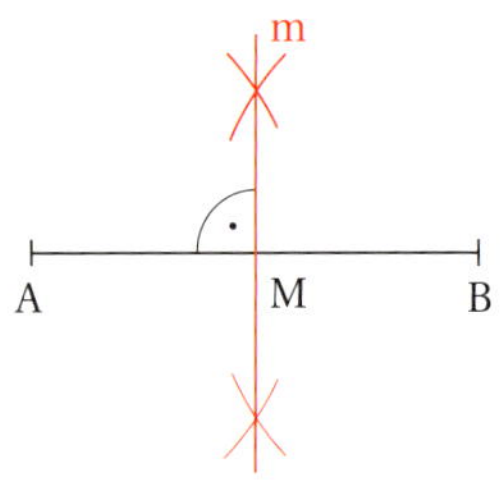

Winkelhalbierende

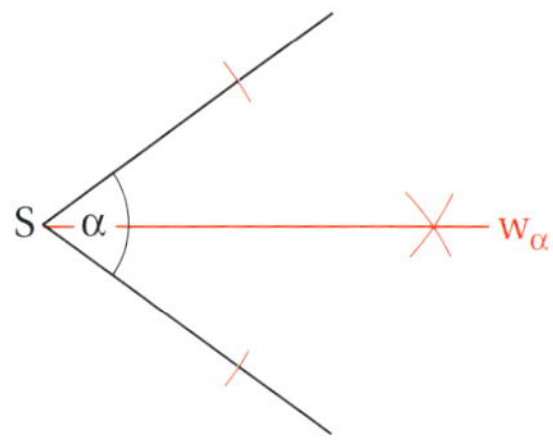

Senkrechte zu einer Geraden g in M der Geraden

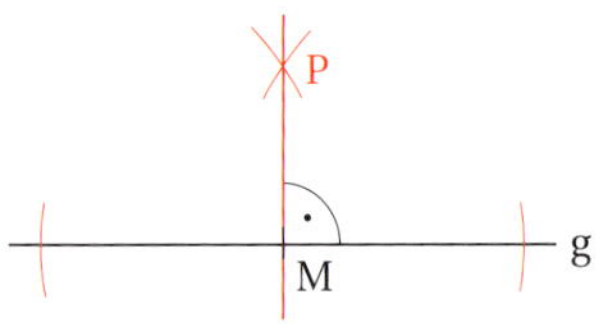

Senkrechte zu einer Geraden g durch P außerhalb der Geraden

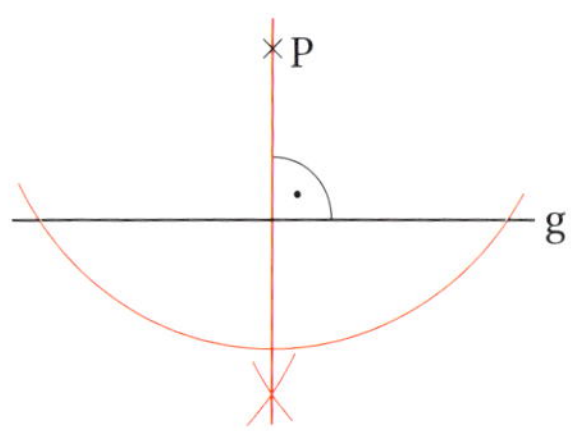

1.1 Strahlensätze; Ähnlichkeit; Kongruenz

1.1.1 Strahlensätze

Strahlensätze

$AB \parallel CD$

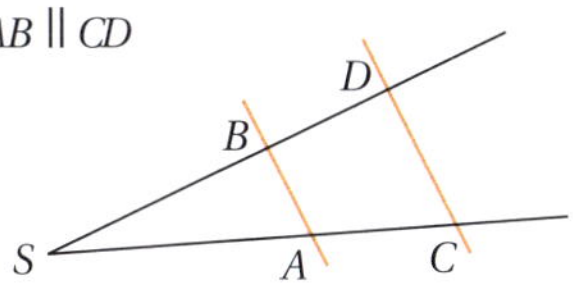

$EF \parallel GH$

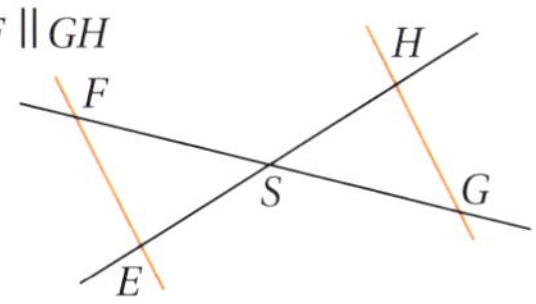

1. Strahlenabschnitte auf einem Strahl verhalten sich zueinander wie die gleichliegenden Strahlenabschnitte auf dem anderen Strahl.

$$\frac{\overline{SA}}{\overline{SC}} = \frac{\overline{SB}}{\overline{SD}} \qquad \frac{\overline{SE}}{\overline{EH}} = \frac{\overline{SF}}{\overline{FG}}$$

2. Parallelenabschnitte verhalten sich zueinander wie die zugehörigen Strahlenabschnitte auf dem gemeinsamen Strahl.

$$\frac{\overline{AB}}{\overline{CD}} = \frac{\overline{SB}}{\overline{SD}} \qquad \frac{\overline{EF}}{\overline{HG}} = \frac{\overline{SE}}{\overline{SH}}$$

1.1.2 Ähnlichkeit

Zentrische Streckung und Ähnlichkeit

Wird das Dreieck *ABC* bei einer **zentrischen Streckung** (mit dem Streckungszentrum *Z* und dem Streckungsfaktor *k*) auf das Dreieck *A'B'C'* abgebildet, so sind beide Dreiecke **ähnlich** zueinander. Das heißt:

- Winkelgrößen bleiben erhalten,
- Streckenverhältnisse sind konstant.

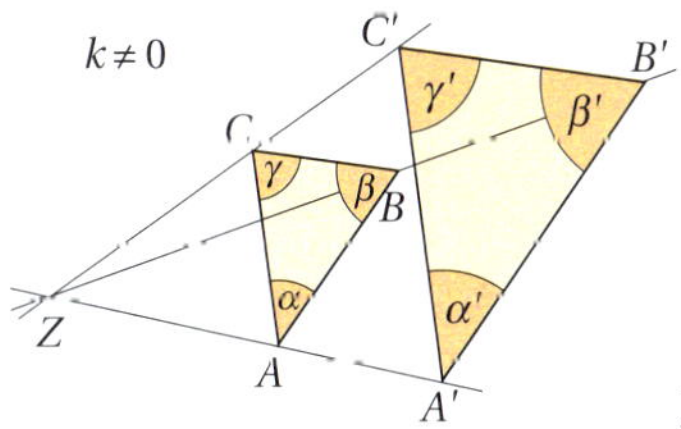

Streckungszentrum *Z*;
Streckungsfaktor *k*

$$\alpha = \alpha'$$
$$\overline{ZA'} = k \cdot \overline{ZA}$$
$$\frac{\overline{AB}}{\overline{AC}} = \frac{\overline{A'B'}}{\overline{A'C'}}$$
$$A_{\triangle A'B'C'} = k^2 \cdot A_{\triangle ABC}$$

$\lvert k \rvert > 1$	maßstäbliche Vergrößerung (Dehnung)
$k = 1$	identische Abbildung
$\lvert k \rvert < 1$	maßstäbliche Verkleinerung (Stauchung)
$k = -1$	identische Abbildung; Punktspiegelung an *Z*

1.1.3 Kongruenz und Ähnlichkeit von Dreiecken

Die Kongruenz ist ein Spezialfall der Ähnlichkeit ($k = 1$).

Kongruenzsätze für Dreiecke		**Ähnlichkeitssätze für Dreiecke**
Dreiecke sind zueinander kongruent, wenn sie übereinstimmen		Dreiecke sind zueinander ähnlich, wenn sie übereinstimmen
■ in den drei Seiten;	**sss** 	■ im Längenverhältnis aller entsprechenden Seiten;
■ in zwei Seiten und in dem von ihnen eingeschlossenen Winkel;	**sws** 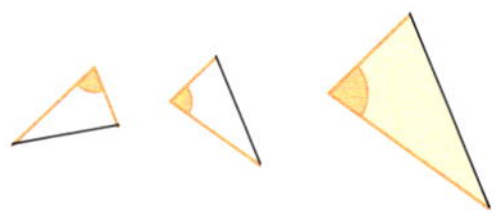	■ in den Längenverhältnissen zweier Seiten und in dem von ihnen jeweils eingeschlossenen Winkel;
■ in einer Seite und in den beiden anliegenden Winkeln;	**wsw** 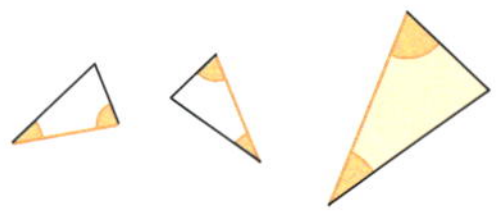	■ in zwei Winkeln **(Hauptähnlichkeitssatz);**
■ in zwei Seiten und in dem der längeren Seite gegenüberliegenden Winkel.	**SsW** 	■ in den Längenverhältnissen zweier Seiten und in dem der jeweils längeren Seite gegenüberliegenden Winkel.

1.1.4 Umfang, Flächeninhalt und Volumen zueinander ähnlicher Figuren

Ist eine Figur F_1 ähnlich zu einer Figur F_2 mit dem Ähnlichkeitsfaktor k, so gilt für deren Umfänge, Flächeninhalte und Rauminhalte:

$u_2 = k \cdot u_1$ $A_2 = k^2 \cdot A_1$ $V_2 = k^3 \cdot V_1$

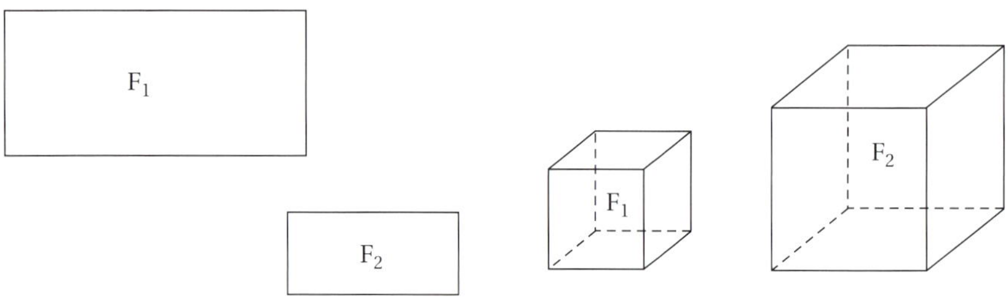

1.2 Winkel

1.2.1 Winkelarten

Winkelarten

Nullwinkel
$\alpha = 0°$

spitzer Winkel
$\alpha < 90°$

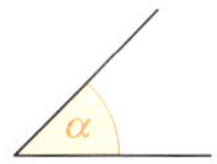

rechter Winkel
$\alpha = 90°$

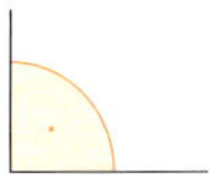

stumpfer Winkel
$90° < \alpha < 180°$

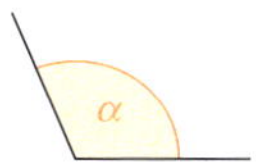

gestreckter Winkel
$\alpha = 180°$

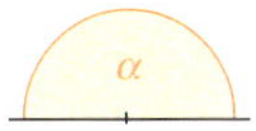

überstumpfer Winkel
$180° < \alpha < 360°$

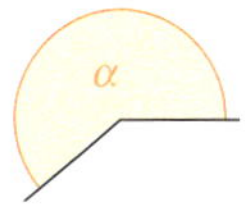

Vollwinkel
$\alpha = 360°$

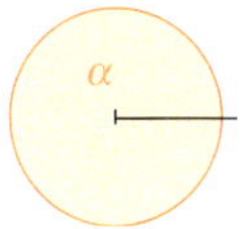

Winkel über 360°
$\alpha > 360°$

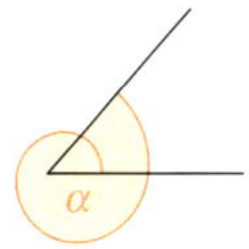

1.2.2 Winkel an geschnittenen Geraden

Winkel an geschnittenen Geraden

Nebenwinkel ergänzen einander zu 180°.
$\alpha + \beta = 180°$

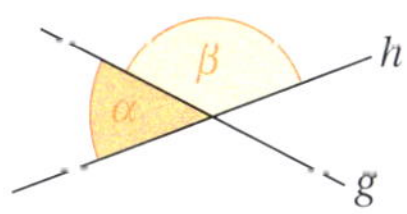

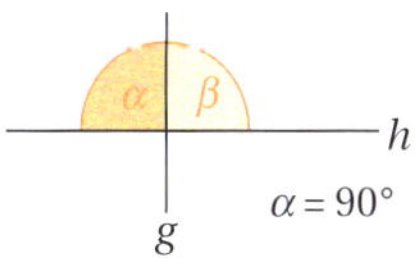

Scheitelwinkel sind gleich groß.
$\alpha = \beta$

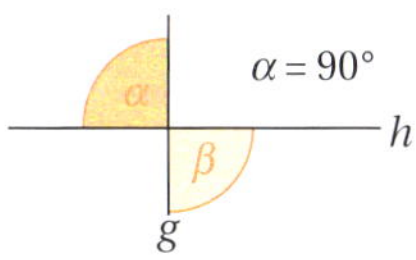

Stufenwinkel an geschnittenen Parallelen sind gleich groß.
$\alpha = \beta$

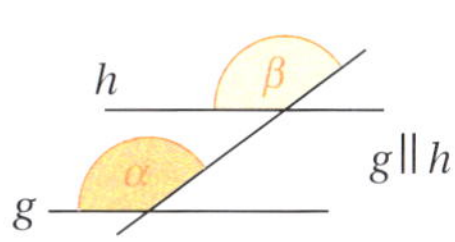

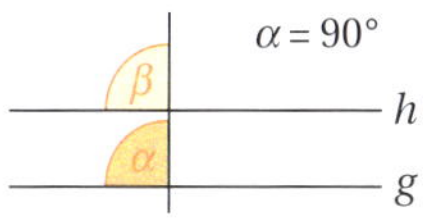

Wechselwinkel an geschnittenen Parallelen sind gleich groß.
$\alpha = \beta$

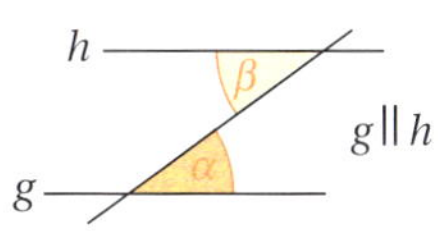

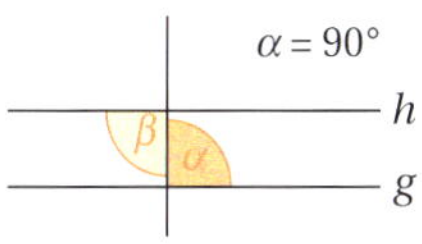

1.2.3 Winkel an ebenen Figuren

Winkel am Dreieck

- Die Summe der **Innenwinkel eines Dreiecks** beträgt 180°. **(Innenwinkelsatz)**
  $\alpha + \beta + \gamma = 180°$
- Jeder Außenwinkel eines Dreiecks ist so groß wie die Summe der beiden nicht anliegenden Innenwinkel. **(Außenwinkelsatz)**
  $\alpha_1 = \beta + \gamma \quad \beta_1 = \alpha + \gamma \quad \gamma_1 = \alpha + \beta$
- Die Summe der **Außenwinkel eines Dreiecks** beträgt 360°.
  $\alpha_1 + \beta_1 + \gamma_1 = 360°$

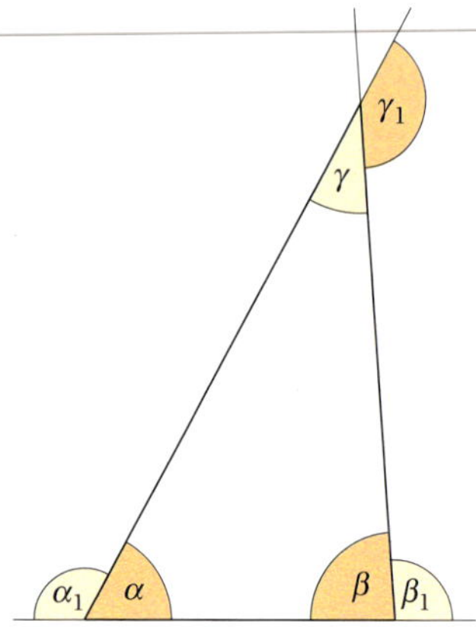

Winkel am Viereck

- Die Summe der **Innenwinkel eines Vierecks** beträgt 360°.
  $\alpha + \beta + \gamma + \delta = 360°$

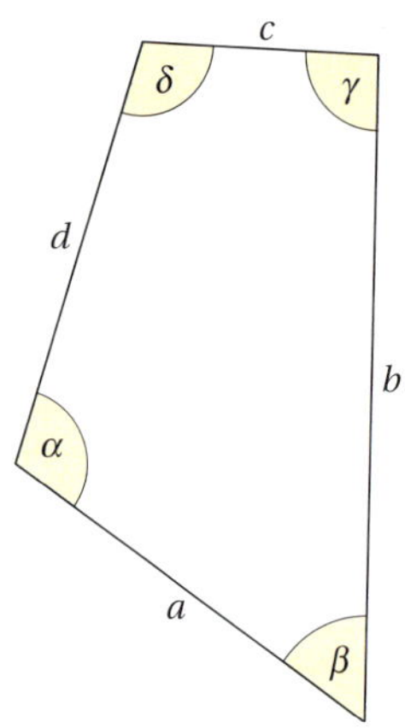

Winkel am n-Eck

- Die Summe der Innenwinkel eines n-Ecks beträgt $(n - 2) \cdot 180°$.

$n = 6$
$(6 - 2) \cdot 180° = 4 \cdot 180° = 720°$
$\alpha = \frac{360°}{n}$

Für das Sechseck gilt: $\alpha = \frac{360°}{6} = 60°$

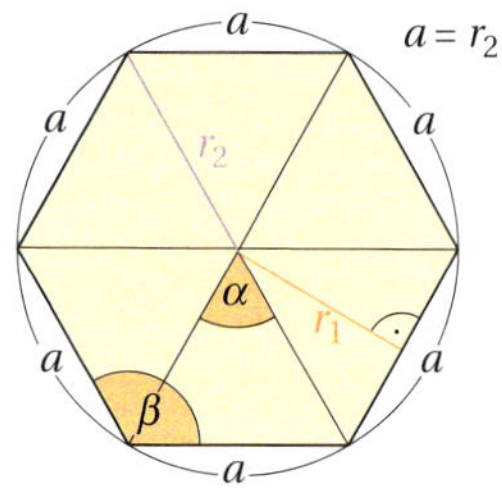

1.3 Dreiecke und Vierecke

BESONDERS NÜTZLICH

Geodreieck

Das Geodreieck (auch Geometriedreieck) wird zum Messen und Zeichnen genutzt. Es stellt eine Kombination aus Lineal und Winkelmesser dar. Das Geodreieck ist ein rechtwinkliges, gleichschenkliges Dreieck, meist aus durchsichtigem Plastik gefertigt. An der Grundkante ist ein symmetrisches Lineal aufgedruckt. Diverse Hilfslinien erleichtern das Zeichnen paralleler Geraden zur Grundkante oder von rechten Winkeln (Höhen etc.). Entlang der Schenkel des Dreiecks sind zum Zeichnen und Messen von Winkeln Markierungen im Abstand eines Winkelgrades angebracht.

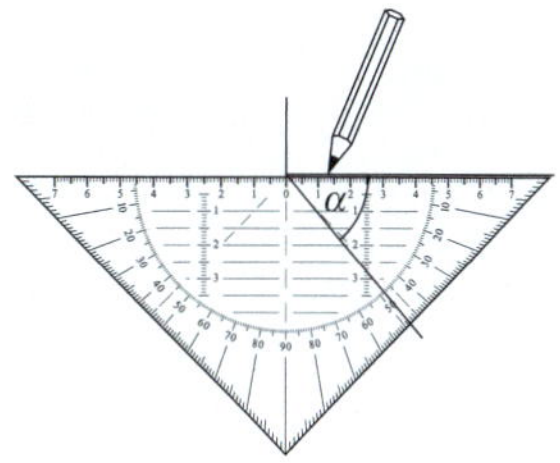

Besondere Linien im Dreieck

Höhe
Alle Höhen schneiden einander in einem gemeinsamen **Höhenschnittpunkt *H*.**
Ihre Längen verhalten sich umgekehrt zueinander wie die Längen der zugehörigen Seiten.

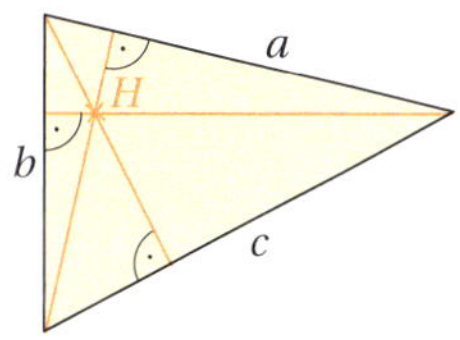

Seitenhalbierende
Alle Seitenhalbierenden schneiden einander im **Schwerpunkt *S*.**
S teilt jede Seitenhalbierende im Verhältnis 2 : 1.

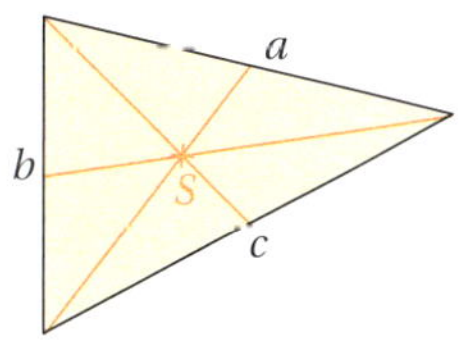

Winkelhalbierende
Alle Winkelhalbierenden schneiden einander im **Inkreismittelpunkt *W*.** ρ ist der Inkreisradius.

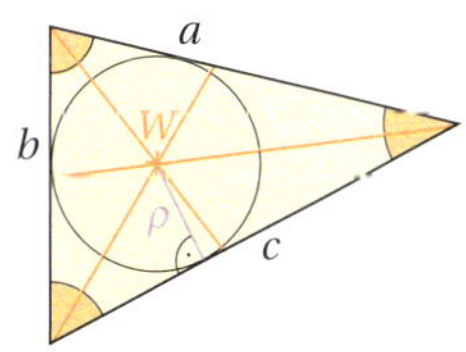

Mittelsenkrechte
Alle Mittelsenkrechten schneiden einander im **Umkreismittelpunkt *M*.** ρ ist der Umkreisradius.

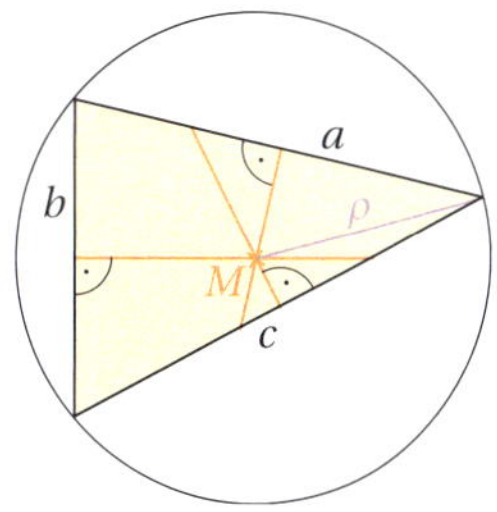

Dreiecke

Allgemeines Dreieck

Der kleinsten Seite liegt der kleinste Winkel gegenüber.

$a + b > c;\ b + c > a;\ a + c > b$

(Dreiecksungleichung)

$A = \frac{g \cdot h}{2}$

$u = a + b + c$

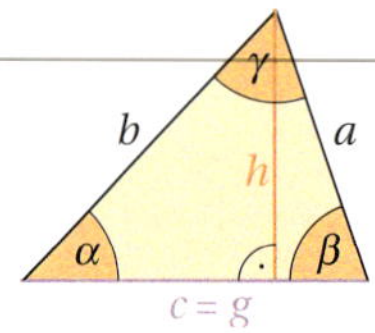

Rechtwinkliges Dreieck

- Satz des Pythagoras: $c^2 = a^2 + b^2$
- Höhensatz: $h^2 = q \cdot p$
- Kathetensatz: $a^2 = c \cdot p$
  $b^2 = c \cdot q$

$A = \frac{a \cdot b}{2}$

$u = a + b + c$

$\gamma = 90°$

a, b Katheten
c Hypotenuse

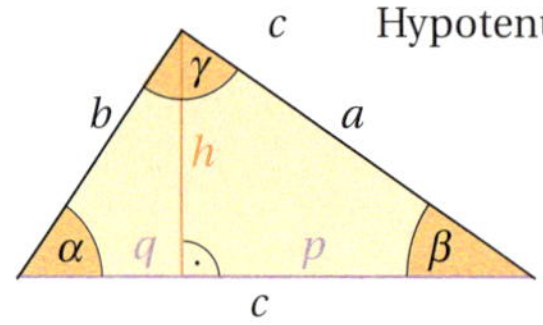

Gleichseitiges Dreieck

Höhe, Seitenhalbierende und Winkelhalbierende sind gleich lang. Umkreis und Inkreis haben einen gemeinsamen Mittelpunkt.

$A = \frac{a^2}{4} \cdot \sqrt{3}$

$h = \frac{a}{2} \cdot \sqrt{3}$

$u = 3 \cdot a$

$\alpha = 60°$

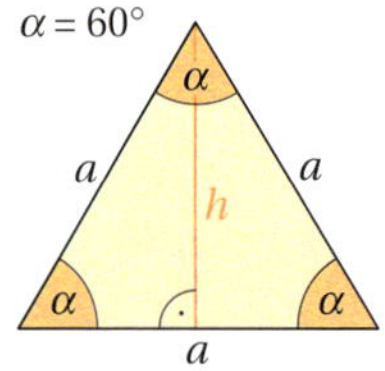

Vierecke

Rechteck

Alle Innenwinkel sind gleich groß.
Die Diagonalen sind gleich lang und halbieren einander.

$e^2 = a^2 + b^2$

$A = a \cdot b$

$u = 2 \cdot (a + b)$

$e = f$

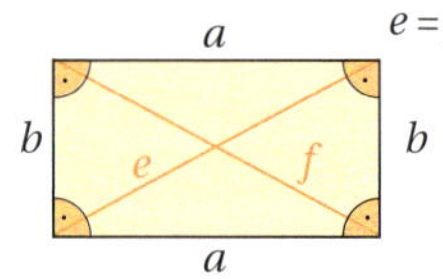

Quadrat

Alle Innenwinkel sind gleich groß.
Die Diagonalen sind zueinander senkrecht.

$e^2 = 2 \cdot a^2$

$A = a^2$

$u = 4 \cdot a$

$e \perp f$
$e = f$

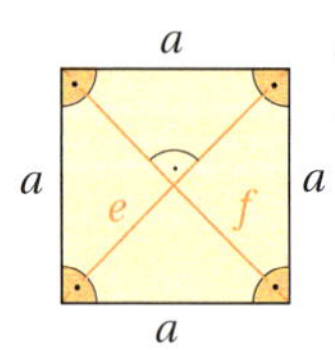

Raute (Rhombus)

Gegenüberliegende Innenwinkel sind gleich groß. Die Diagonalen sind zueinander senkrecht.

$e^2 + f^2 = 4 \cdot a^2$

$A = \frac{e \cdot f}{2}$

$u = 4 \cdot a$

$e \perp f$

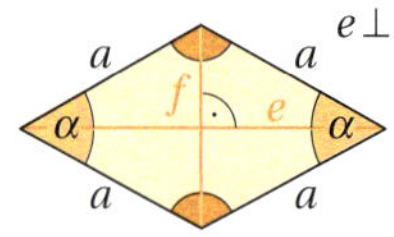

Vierecke

Trapez

Mindestens zwei Seiten sind zueinander parallel.
Die Verbindungsstrecke der Mitten der Schenkel des Trapezes heißt Mittellinie.

$A = \frac{(a+c)}{2} \cdot h = m \cdot h$

$u = a + b + c + d$

$m = \frac{1}{2} \cdot (a + c)$

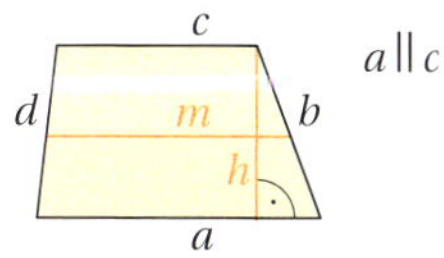

Parallelogramm

Gegenüberliegende Seiten sind zueinander parallel und gleich lang.
Gegenüberliegende Winkel sind gleich groß.

$A = a \cdot h_a$

$u = 2 \cdot (a + b)$

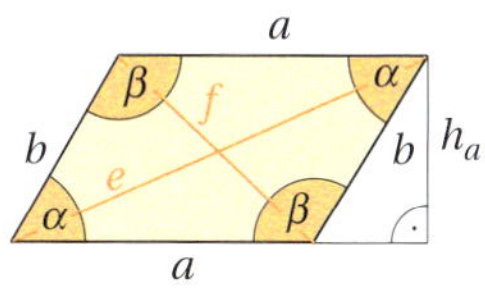

Drachenviereck

Die Diagonalen sind zueinander senkrecht.
Mindestens zwei gegenüberliegende Winkel sind gleich groß.

$A = \frac{e \cdot f}{2}$

$u = 2 \cdot (a + b)$

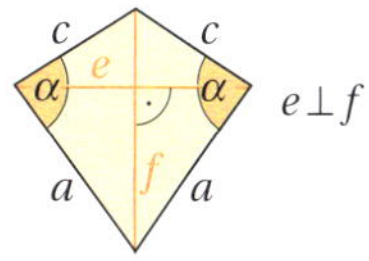

BESONDERS NÜTZLICH

Vierecksarten („Haus der Vierecke")

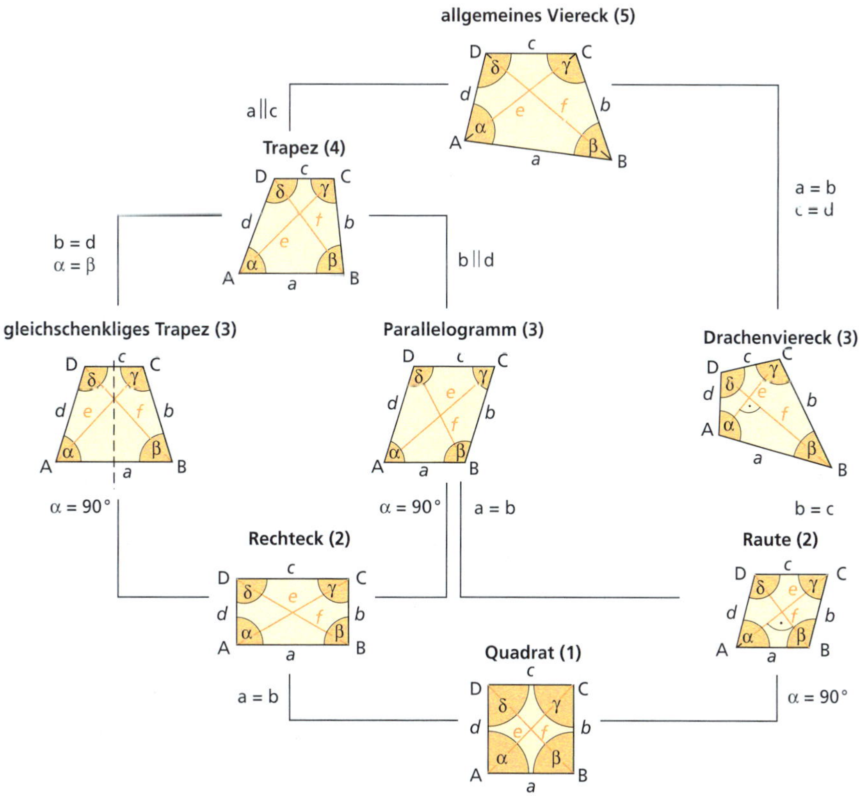

1.4 Regelmäßige Vielecke

Regelmäßige Vielecke (n-Ecke)

Allgemeines regelmäßiges Vieleck
Jedes Vieleck mit gleich langen Seiten und gleich großen Innenwinkeln von je $\frac{360°}{n}$ heißt regelmäßig.

$\alpha = \frac{360°}{n}$ (Mittelpunktswinkel)

$u = n \cdot a$

$A = \frac{n}{2} \cdot a \cdot r_1$

n Anzahl der Ecken
r_1 Inkreisradius
r_2 Umkreisradius

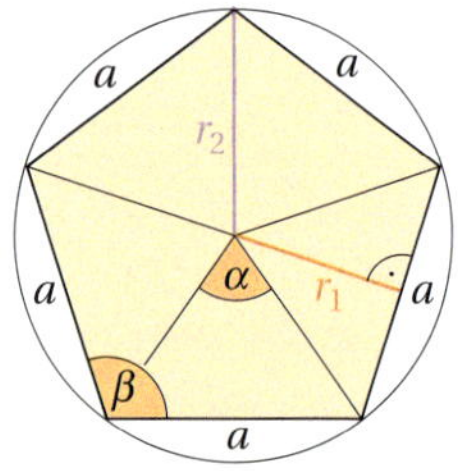

regelmäßiges Fünfeck
$\alpha = \frac{360°}{5} = 72°$

Regelmäßiges Sechseck
Ein Vieleck mit sechs gleich langen Seiten und gleich großen Innenwinkeln von je 60° heißt regelmäßiges Sechseck.

$\alpha = \frac{360°}{6} = 60°$

$u = 6 \cdot a$

$A = \frac{3 \cdot \sqrt{3}}{2} \cdot a^2$

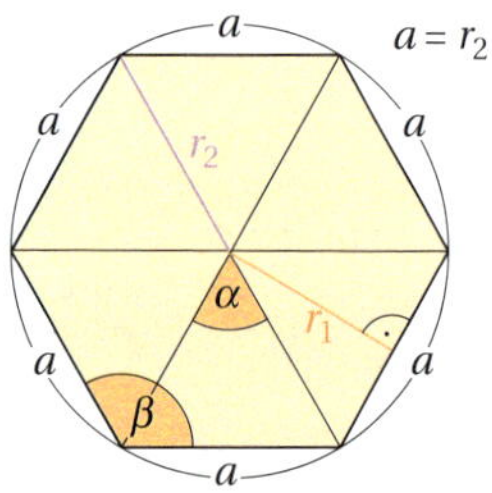

1.5 Kreis

Kreis und Linien

Kreis

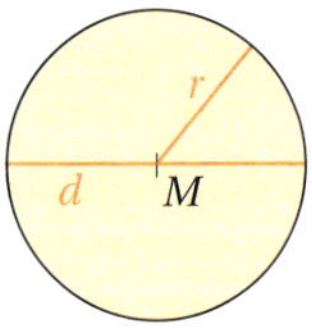

Kreiszahl (ludolphsche Zahl):
$\pi = 3{,}14159\ldots$
$\pi \approx 3{,}14$

d Durchmesser
r Radius

$d = 2 \cdot r$

$A = \pi \cdot r^2 = \frac{\pi}{4} \cdot d^2$

$u = 2\pi \cdot r = \pi \cdot d$

Linien am Kreis

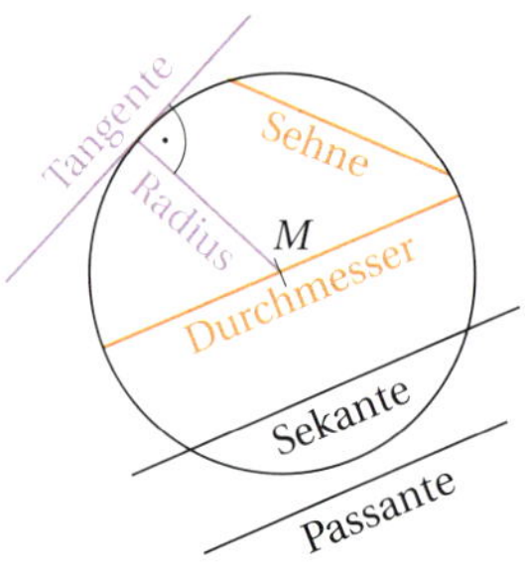

Tangente und Berührungsradius sind senkrecht zueinander.

Winkel am Kreis

Winkelarten

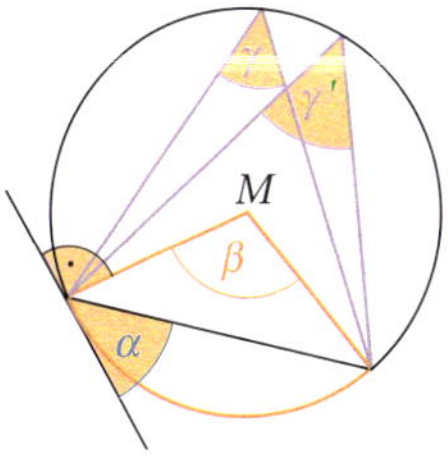

$\beta = 2 \cdot \alpha$ $\qquad \beta = 2 \cdot \gamma$

$\gamma = \gamma'$ $\qquad \alpha = \gamma$

α Sehnentangentenwinkel
β Zentriwinkel (Mittelpunktswinkel)
γ Peripheriewinkel (Umfangswinkel)

Satz des Thales

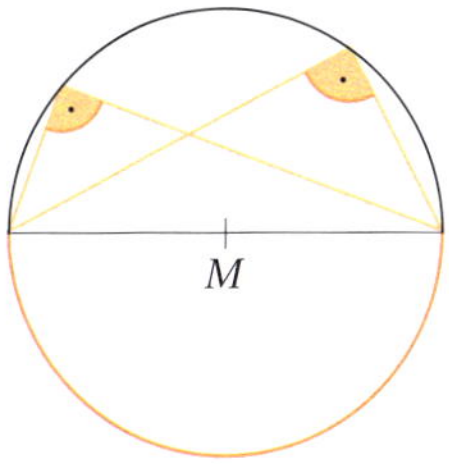

Peripheriewinkel über einem Halbkreis sind rechte Winkel.

Kreisring und Kreisausschnitt

Kreisring

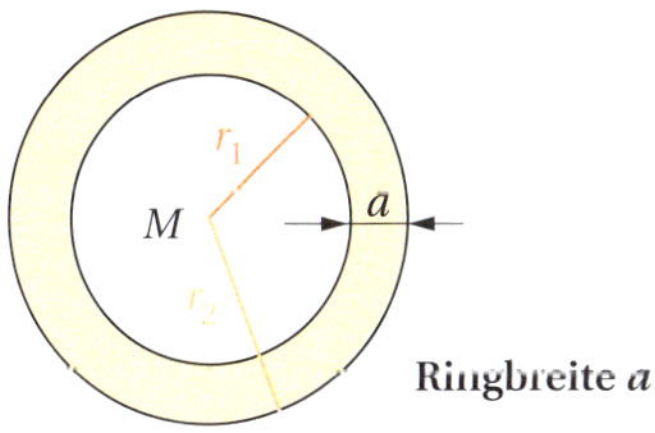

$a = r_2 - r_1$

$A = \pi \cdot (r_2{}^2 - r_1{}^2)$

$u = 2\,\pi \cdot (r_1 + r_2)$

Kreisausschnitt

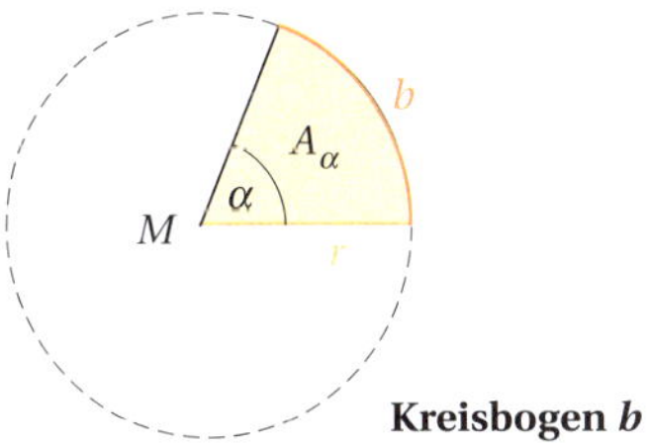

$\frac{b}{u} = \frac{\alpha}{360°}$ $\qquad b = \frac{\pi \cdot r \cdot \alpha}{180°}$

$A_\alpha = \frac{b \cdot r}{2}$

$A_\alpha = \pi \cdot r^2 \cdot \frac{\alpha}{360°}$

2 Stereometrie

BLICKPUNKT

V	Rauminhalt/Volumen	e	Körperdiagonale	A_D	Deckflächeninhalt
h	Körperhöhe	A_G	Grundflächeninhalt	A_M	Mantelflächeninhalt
a, b, c, s	Kantenlängen	A_O	Oberflächeninhalt		

2.1 Körper mit ebenen Begrenzungsflächen

Prismen $V = A_G \cdot h$ $A_O = 2A_G + A_M$

- Quader

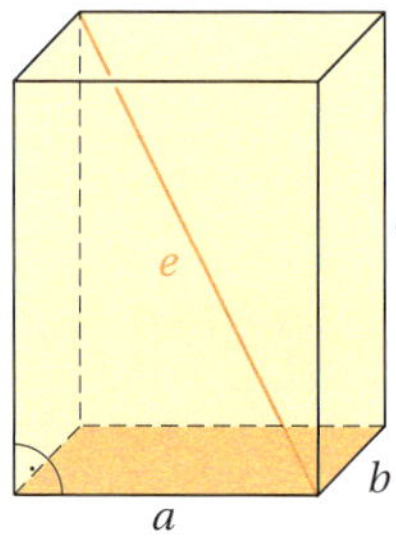

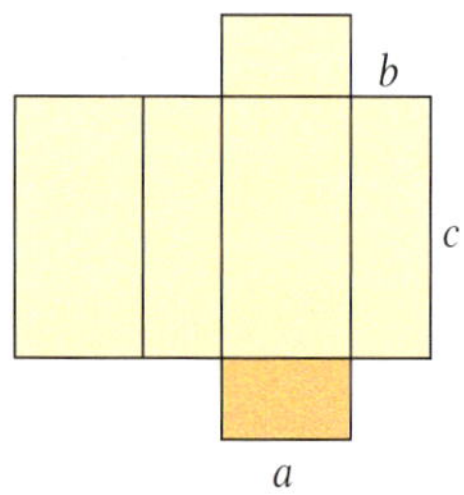

$V = a \cdot b \cdot c$

$A_G = a \cdot b$

$e = \sqrt{a^2 + b^2 + c^2}$

$A_O = 2 \cdot (ab + ac + bc)$

- Würfel

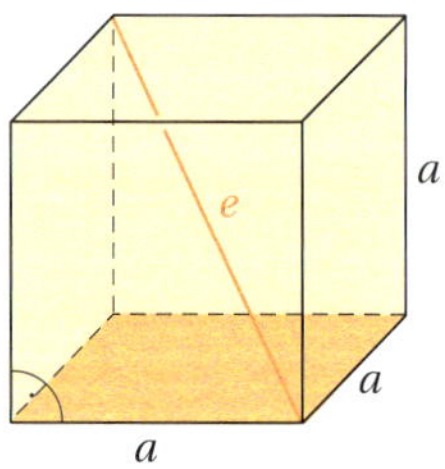

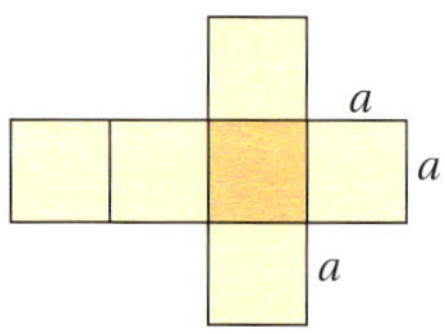

$V = a^3$

$A_G = a^2$

$e = a \cdot \sqrt{3}$

$A_O = 6 \cdot a^2$

Prismen (Fortsetzung) $V = A_G \cdot h$ $A_O = 2A_G + A_M$

- **Dreiecksäule** (regelmäßiges dreiseitiges Prisma)

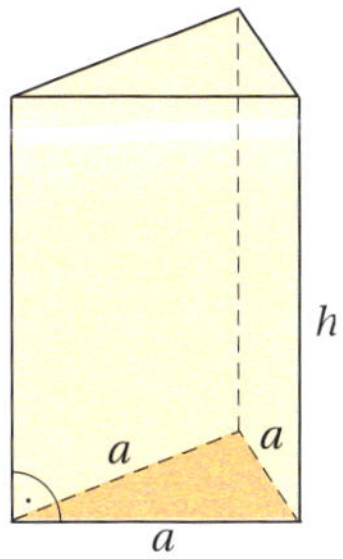

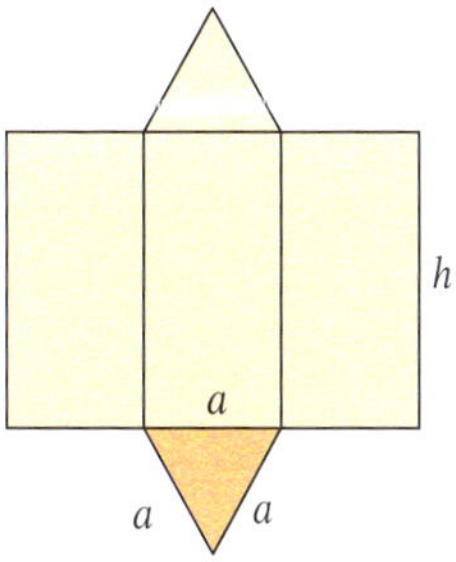

$V = \frac{a^2 \cdot h}{4} \cdot \sqrt{3}$ $A_G = \frac{a^2}{4} \cdot \sqrt{3}$

$A_O = \frac{a}{2} \cdot (a \cdot \sqrt{3} + 6 \cdot h)$ $A_M = 3 \cdot a \cdot h$

- **Trapezsäule** (Prisma mit trapezförmiger Grundfläche)

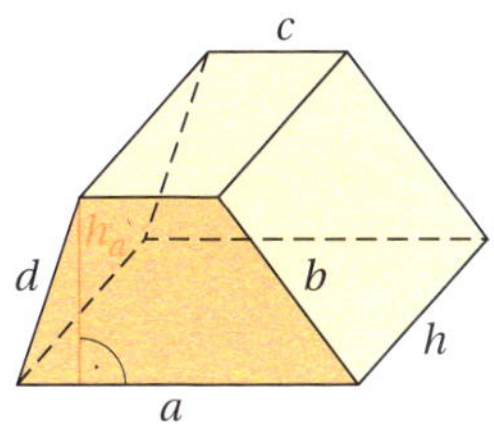

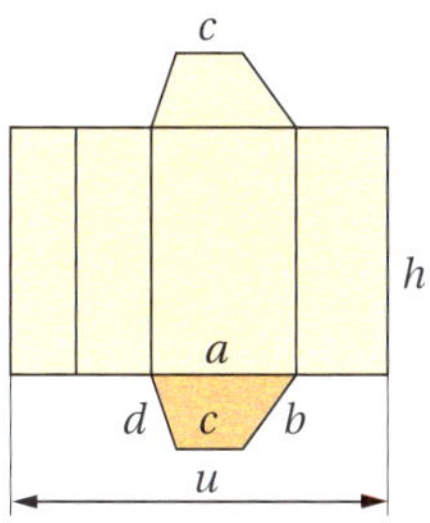

$V = A_G \cdot h$ $u_G = a + b + c + d$ $A_G = \frac{a+c}{2} \cdot h_a$

$A_O = 2 \cdot A_G + A_M$ $A_M = u \cdot h$

Pyramiden $V = \frac{1}{3} A_G \cdot h$ $A_O = A_G + A_M$

- **gerade quadratische Pyramide**

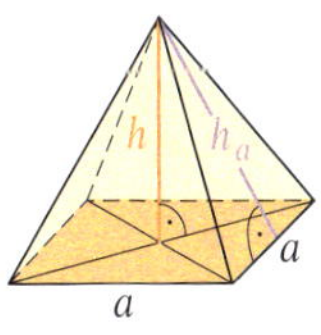

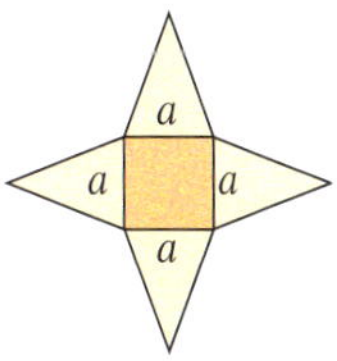

$V = \frac{a^2 \cdot h}{3}$ $A_G = a^2$

$A_O = a \cdot (a + 2 \cdot h_a)$ $A_M = 2 \cdot a \cdot h_a$

Pyramiden (Fortsetzung) $V = \frac{1}{3} A_G \cdot h$ $A_O = A_G + A_M$

- **Tetraeder**

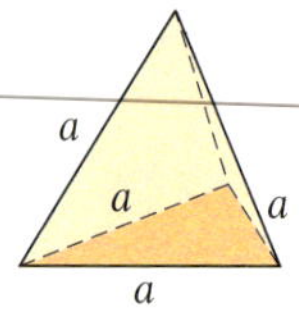

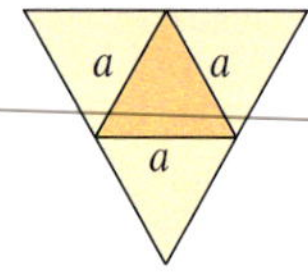

$V = \frac{a^3}{12} \cdot \sqrt{2}$

$A_O = a^2 \cdot \sqrt{3}$

$A_G = \frac{a^2}{4} \cdot \sqrt{3}$

$A_M = \frac{3a^2}{4} \cdot \sqrt{3}$

Pyramidenstümpfe $V = \frac{h}{3} \cdot (A_G + \sqrt{A_G \cdot A_D} + A_D)$ $A_O = A_G + A_D + A_M$

- **quadratischer Pyramidenstumpf**

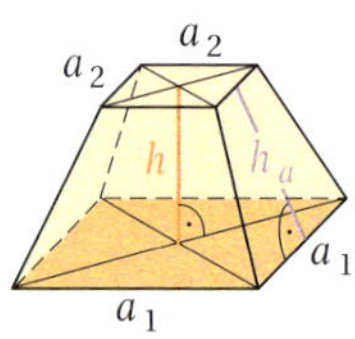

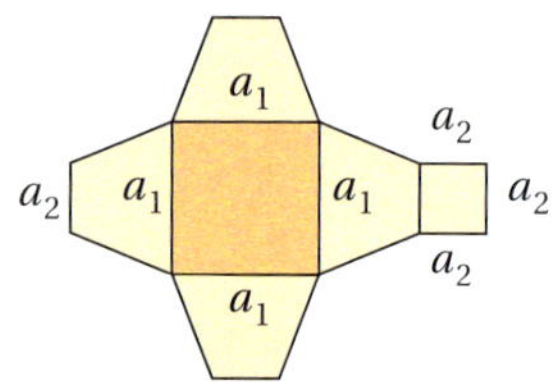

$V = \frac{h}{3} \cdot (a_1{}^2 + a_1 a_2 + a_2{}^2)$ $A_D = a_2{}^2$ $A_G = a_1{}^2$

$A_O = a_1{}^2 + 2(a_1 + a_2) h_a + a_2{}^2$

$A_M = 2 \cdot (a_1 + a_2) \cdot h_a$

- **regelmäßiger dreiseitiger Pyramidenstumpf**

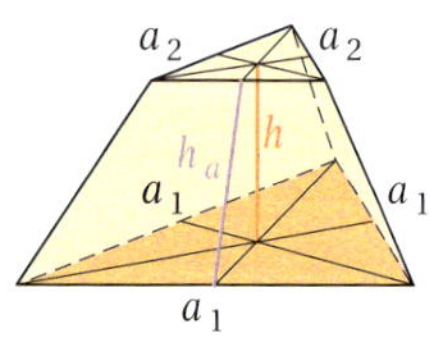

$V = \frac{\sqrt{3}}{12} \cdot h \cdot (a_1{}^2 + a_1 a_2 + a_2{}^2)$

$A_G = \frac{a_1^2}{4} \cdot \sqrt{3}$ $A_D = \frac{a_2^2}{4} \cdot \sqrt{3}$

$A_M = \frac{3}{2} \cdot (a_1 + a_2) \cdot h_a$

$A_O = \frac{\sqrt{3}}{4} (a_1{}^2 + a_2{}^2) + \frac{3}{2} (a_1 + a_2) \cdot h_a$

2.2 Körper mit gekrümmten Begrenzungsflächen

Zylinder $V = A_G \cdot h$ $A_O = 2 \cdot A_G + A_M$

- **gerader Kreiszylinder**

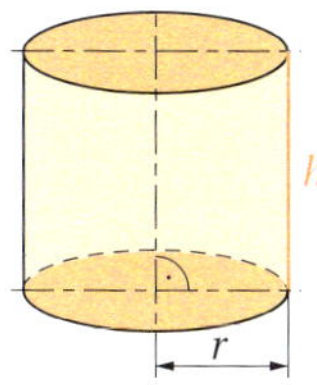

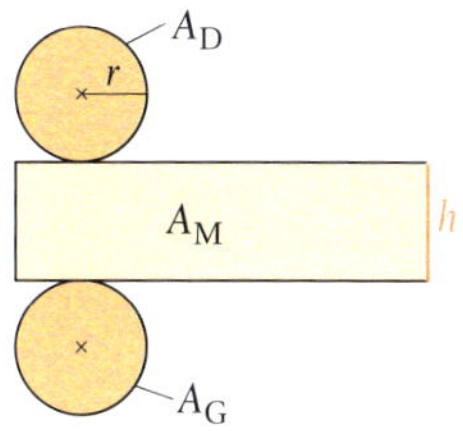

$V = A_G \cdot h$

$A_G = \pi \cdot r^2$

$A_O = 2 \cdot A_G + A_M$

$A_M = 2\pi \cdot r \cdot h$

- **gerader Hohlzylinder**

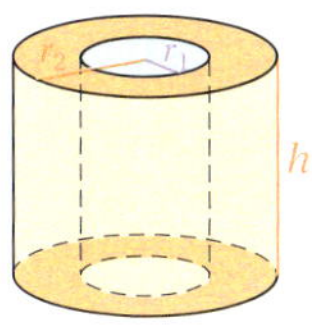

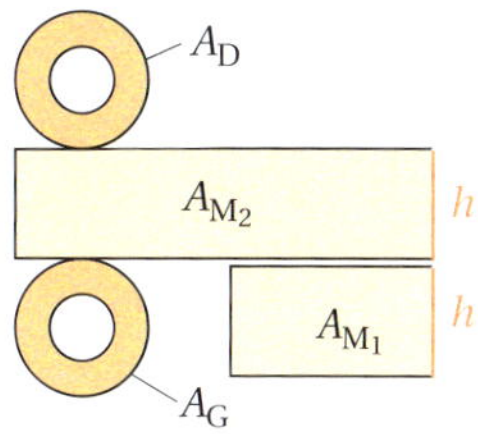

$r_2 > r_1$

$V = A_G \cdot h$

$A_G = \pi \cdot (r_2{}^2 - r_1{}^2)$

$A_O = 2 \cdot A_G + A_{M_1} + A_{M_2}$

$A_{M_1} = 2\pi \cdot r_1 \cdot h$

$A_{M_2} = 2\pi \cdot r_2 \cdot h$

Kegel $V = \frac{1}{3} A_G \cdot h$ $A_O = A_G + A_M$

- **gerader Kreiskegel**

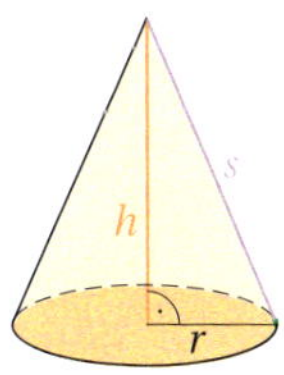

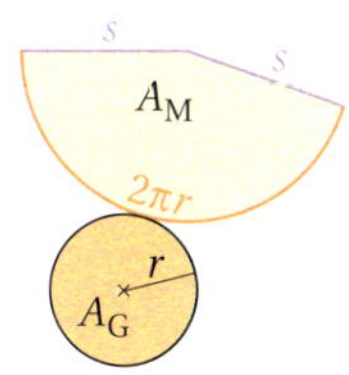

$V = \frac{\pi \cdot r^2 \cdot h}{3}$

$A_G = \pi \cdot r^2$

$A_O = A_G + A_M$

$A_M = \pi \cdot r \cdot s$

Kugel

- **Kugel** (links)
- **Kugelausschnitt** (Kugelsektor, rechts)

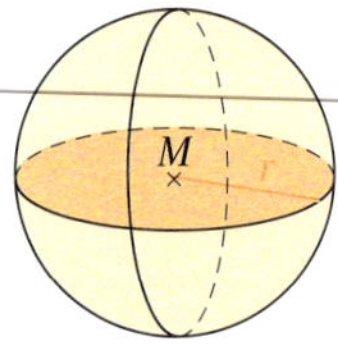

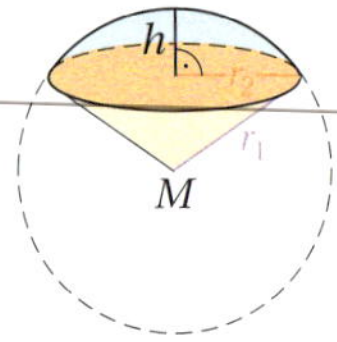

$V = \frac{4\pi \cdot r^3}{3}$

$A_O = 4 \cdot \pi \cdot r^2$

$V = \frac{2\pi \cdot r_1^2 \cdot h}{3}$

$A_O = \pi \cdot r_1 \cdot r_2 + 2\pi \cdot r_1 \cdot h$

2.3 Zusammengesetzte Körper

Viele Gegenstände lassen sich nicht mit nur einem einzigen geometrischen Körper beschreiben. In vereinfachter Form ergeben sie sich durch Zusammensetzen oder Zerlegen von Körpern.
Zur Anwendung der Volumen- und Oberflächeninhaltsformeln für die bekannten Standardkörper muss man die zusammengesetzten Körper in Teilkörper zerlegen oder zu Körpern ergänzen.

Das Volumen von aus Quadern zusammensetzten Körpern lässt sich berechnen, indem man das Volumen der einzelnen Quader bestimmt und addiert.

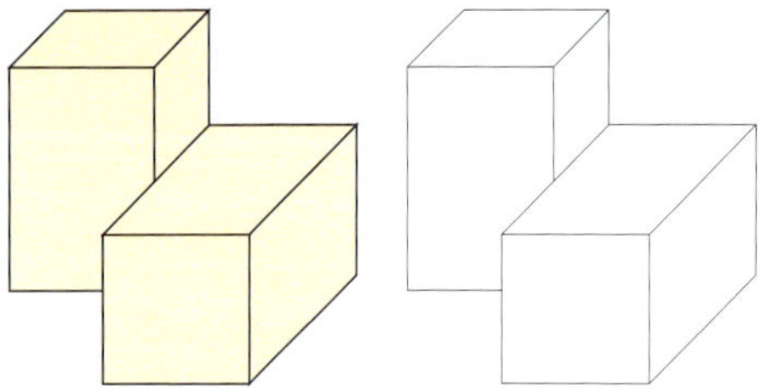

$V_1 = V_2$

Der Oberflächeninhalt zusammengesetzter Körper ist die Summe der Flächeninhalte aller Außenflächen des Körpers. Dabei st zu beachten, dass Seitenflächen der einzelnen Teilkörper (hier Quader) beim Zusammenfügen nicht mehr alle zur Oberfläche gehören.

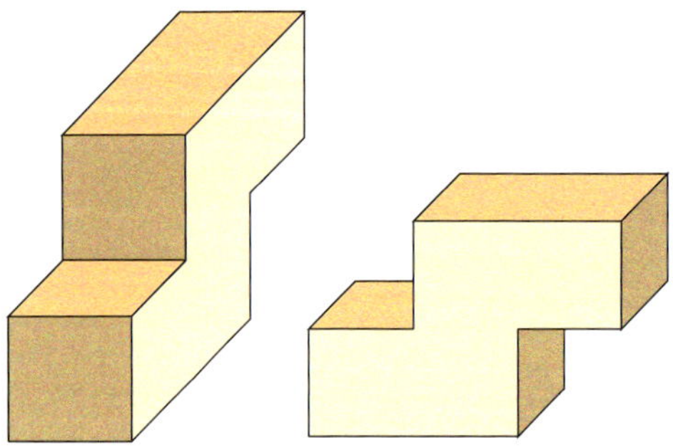

3 Darstellende Geometrie

BLICKPUNKT

Ein **geometrischer Körper** ist eine räumliche Figur, die vollständig durch ebene oder gekrümmte Flächen begrenzt wird.

Projektionsarten

Ein Körper kann mithilfe von **Projektionsstrahlen** in eine Ebene (Bildebene) abgebildet werden. Jedem Punkt des Körpers wird dabei genau ein Punkt in der Ebene als Bildpunkt zugeordnet.

Gehen alle Projektionsstrahlen von einem Punkt aus, so nennt man diese Abbildung **Zentralprojektion.** Original und Bild stimmen in den Winkeln, aber nicht in den Seitenlängen überein.

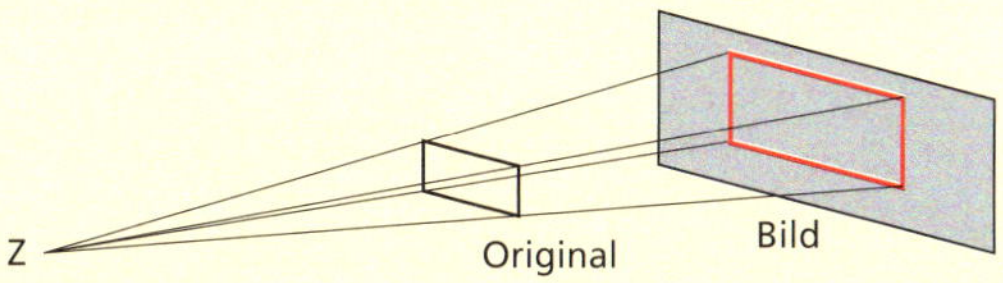

Verlaufen die Projektionsstrahlen zueinander parallel, so heißt eine solche Abbildung **Parallelprojektion.** Original und Bild stimmen in den Winkeln und Seitenlängen überein.

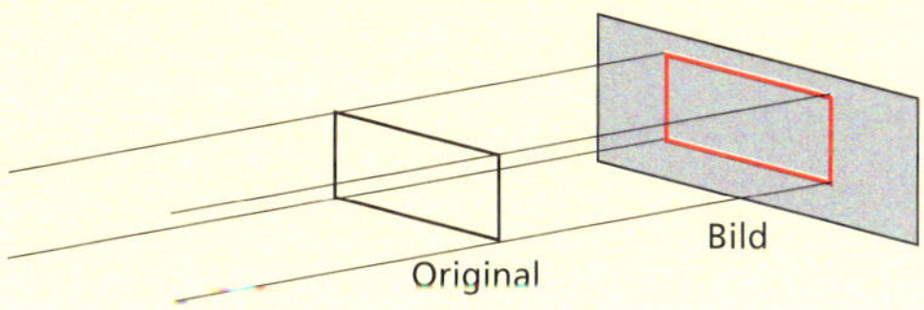

3.1 Körpernetze

Werden alle Begrenzungsflächen eines Körpers in eine Ebene abgewickelt, so entsteht ein Netz des Körpers.

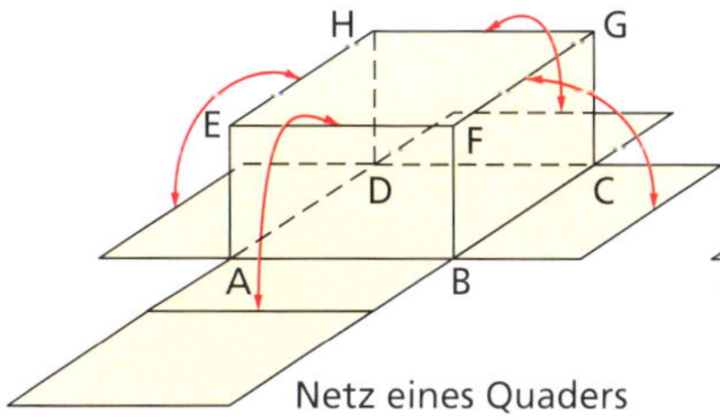

Netz eines Quaders

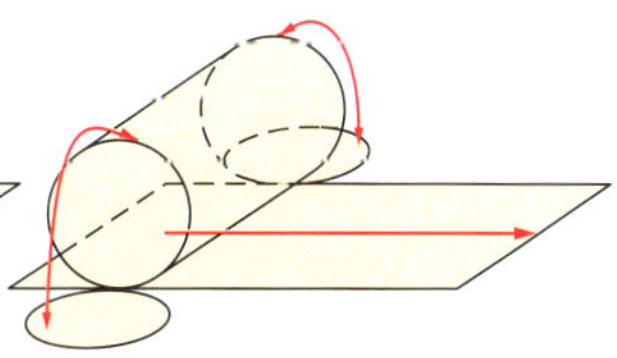

Netz eines Zylinders

Will man sich umgekehrt zu einem gegebenen Netz den dazugehörigen Körper vorstellen, so wählt man eine möglichst zentral gelegene Fläche aus und klappt die übrigen Flächen in Gedanken zu dieser Fläche hin.

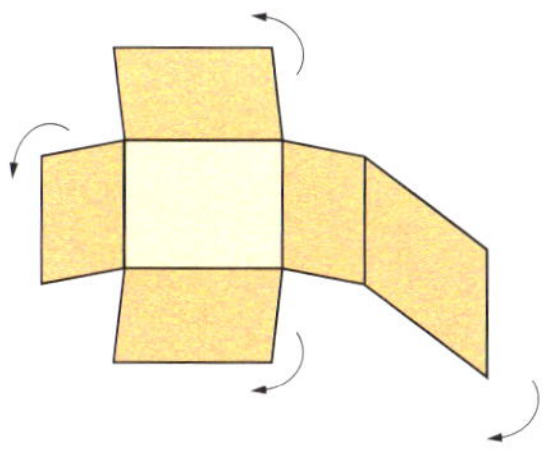

3.2 Parallelprojektionen

Senkrechte Zweitafelprojektion

Eigenschaften:
- **Grund- und Aufriss** ein und desselben Punktes liegen auf einer Senkrechten zur **Rissachse,** der **Ordnungslinie.**
- Der Abstand des Punktes P' von der Rissachse gibt den Abstand des Punktes P von der **Aufrissebene** an.
- Der Abstand des Punktes P'' von der Rissachse gibt den Abstand des Punktes P von der **Grundrissebene** an.

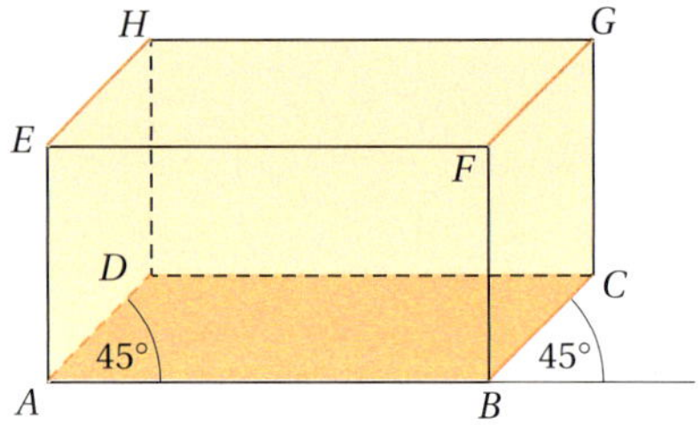

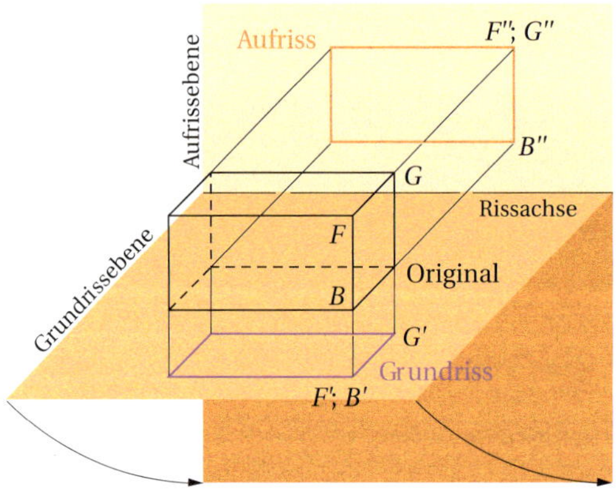

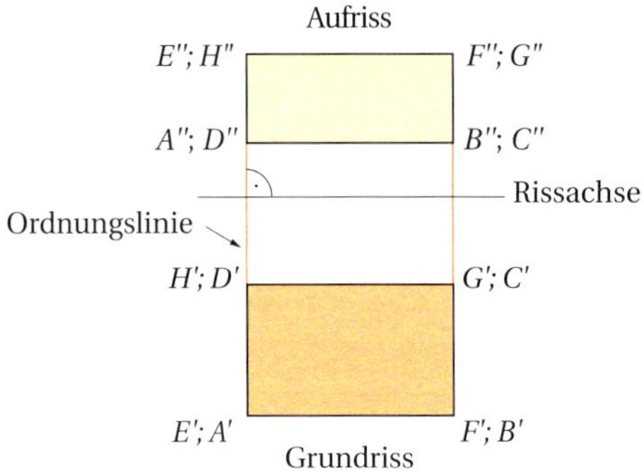

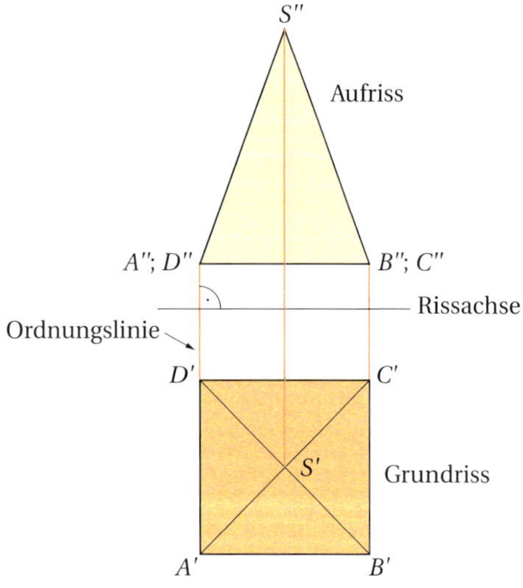

Kavalierperspektive (Schrägbild)

- **Verzerrungswinkel** $\alpha = 45°$
- **Verkürzungsverhältnis** (Verzerrungsverhältnis) $q = \frac{1}{2}$
- Die Höhenstrecken und Breitenstrecken bleiben unverändert.
  Die Tiefstrecken werden halbiert.
- Die Schrägbilder paralleler Geraden sind wieder parallele Geraden.

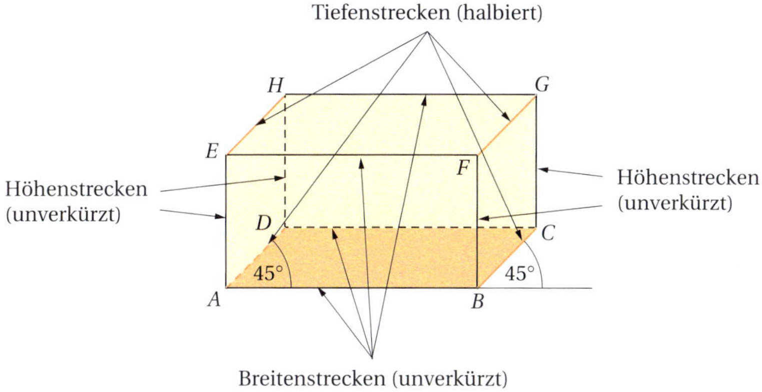

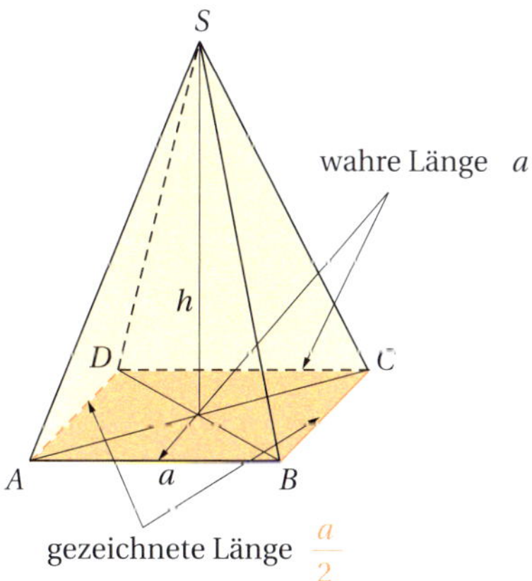

Wahre Länge einer Strecke

Gesucht: wahre Länge von $\overline{ES}$ ($\overline{E_0S_0}$)

- Errichten der Senkrechten zu $\overline{E'S'}$ in den Punkten E' und S'.
- Abtragen der Höhen $\overline{RE''}$ bzw. $\overline{RS''}$ auf den entsprechenden Senkrechten in E' und S'. Man erhält die Punkte E_0 und S_0.
- Verbinden der Punkte E_0 und S_0. Die Länge der Strecke $\overline{E_0S_0}$ ist gleich der wahren Länge von $\overline{ES}$.

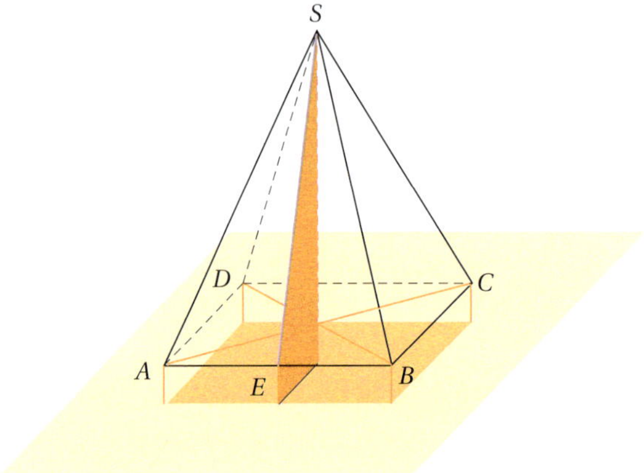

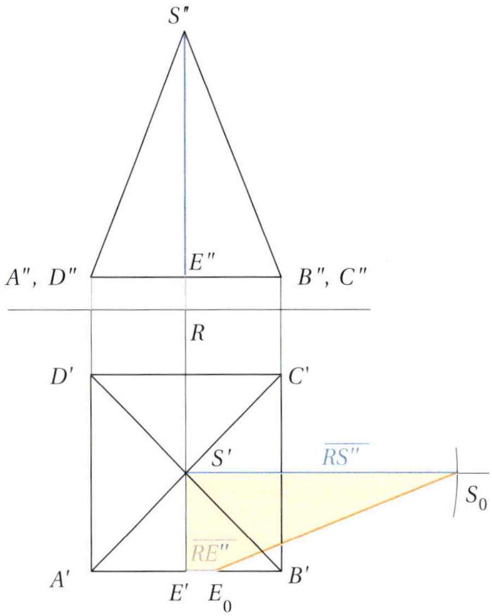

FUNKTIONEN

1 Zuordnung und Funktionsbegriff

Zuordnungen

Zuordnung allgemein
Werden zwei Größenbereiche in Beziehung gesetzt, so entstehen Zuordnungen. Zum ersten Größenbereich gehören die Eingangsgrößen. Aus dem zweiten Größenbereich stammen die Ausgangsgrößen.

Name ↓	Frank	Maria	Sophie	Olaf	Peter	Paul
Größe	1,70 m	1,64 m	1,68 m	1,70 m	1,68 m	1,72 m

Proportionale Zuordnung
Bei einer proportionalen Zuordnung gehört zum 2fachen (3fachen, 4fachen, ...) der ersten Größe das 2fache (3fache, 4fache, ...) der zweiten Größe.

1. Größe ↓	x	$2x$	$3x$	$4x$	$5x$	...
2. Größe	y	$2y$	$3y$	$4y$	$5y$	...

Umgekehrt proportionale Zuordnung
Bei einer umgekehrt proportionalen Zuordnung gehört zum 2fachen (3fachen, 4fachen, ...) der ersten Größe die Hälfte (der 3. Teil, der 4. Teil, ...) der zweiten Größe.

1. Größe ↓	x	$2x$	$3x$	$4x$	$5x$	...
2. Größe	y	$\frac{1}{2}y$	$\frac{1}{3}y$	$\frac{1}{4}y$	$\frac{1}{5}y$	...

Funktion

Eine **Funktion** ist eine eindeutige Zuordnung, bei der zu je einem Element aus der ersten Menge (dem Definitionsbereich) genau ein (ein und nur ein) Element aus der zweiten Menge (dem Wertebereich) gehört.

Definitionsbereich: DB; die Elemente x aus dem Definitionsbereich heißen **Argumente** der Funktion.
$x \in DB$

Wertebereich: WB; die Elemente y aus dem Wertebereich heißen **Funktionswerte** der Funktion.
$y \in WB$

$y = f(x)$, $y = g(x)$, ... sind Schreibweisen für die Zuordnungsvorschrift einer Funktion.

$x \mapsto f(x)$ ist die Kurzsschreibweise für den Ausdruck „Funktion f mit der Gleichung $y = f(x)$";
Funktion $y = f(x)$.

Nullstelle von f: $x_i \in DB$ mit $f(x_i) = 0$ (Alle x, für die $f(x) = 0$ ist.)

BLICKPUNKT

Eigenschaften von Funktionen

Monotonie

Eine Funktion heißt in einem Intervall ihres Definitionsbereichs

- **monoton wachsend (steigend),** wenn für alle x_1 und x_2 aus dem Intervall gilt:
  Aus $x_1 < x_2$ folgt immer $f(x_1) \leq f(x_2)$.
  Gilt dabei sogar $f(x_1) < f(x_2)$, so spricht man von **streng monoton wachsend (steigend).**
- **monoton fallend,** wenn für alle x_1 und x_2 aus dem Intervall gilt:
  Aus $x_1 < x_2$ folgt immer $f(x_1) \geq f(x_2)$.
  Gilt dabei sogar $f(x_1) > f(x_2)$, so spricht man von **streng monoton fallend.**

Periodizität

Eine Funktion f heißt **periodische Funktion,** wenn es eine Zahl $b > 0$ gibt, sodass für jedes x gilt: $f(x) = f(x + b)$. Jede solche Zahl b wird Periode genannt. Winkelfunktionen sind periodische Funktionen.

2 Funktionsdarstellung

Darstellungsarten von Funktionen

Funktionsgleichung

$y = f(x) = 2x + 3$ Gleichung mit der Variablen x ($x \in$ DB) und der Variablen y ($y \in$ WB)

Menge geordneter Paare

Menge der Zahlenpaare, die die jeweilige Funktionsgleichung erfüllen:

$\{(-2; -1), (-1; 1), (0; 3), (1; 5), (2; 7), (3; 9), \ldots\}$

Wertetabelle

Übersichtliche Darstellung einer Menge von Zahlenpaaren:

x	−2	−1	0	1	2	3
y	−1	1	3	5	7	9

Wortvorschrift

Beschreibung einer Funktion mit Worten:

Den Zahlen aus dem ersten Bereich wird ihr Doppeltes, vermehrt um 3, zugeordnet (für $y = 2x + 3$).

Pfeildarstellung

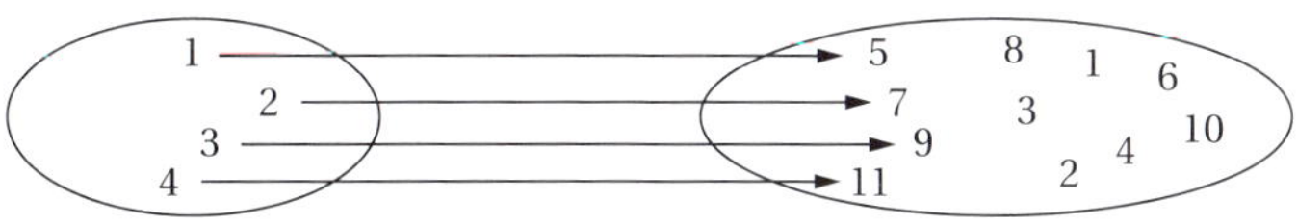

Grafische Darstellung von Funktionen

Graph/Schaubild

Ein Graph oder Schaubild ist die zeichnerische Darstellung einer Zuordnung. Diese Darstellung erfolgt meist in einem **Koordinatensystem.** Es gibt verschiedene Koordinatensysteme.

Kartesisches Koordinatensystem

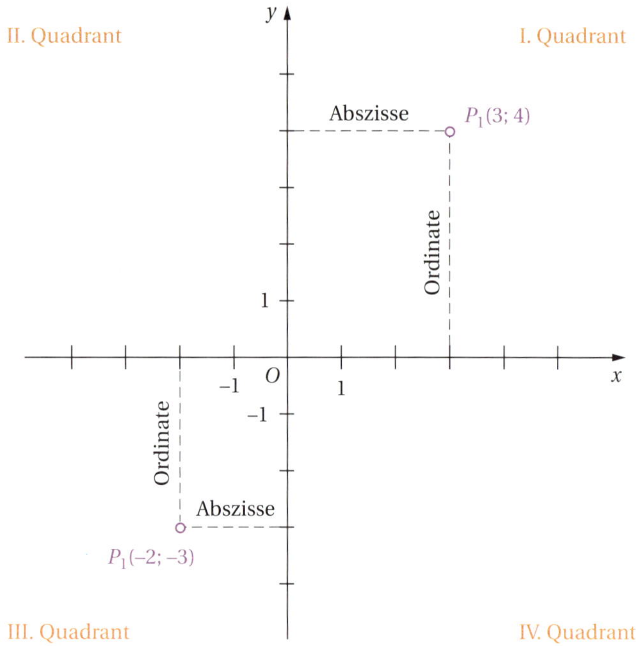

Achsen

Die zwei Achsen in einem kartesischen Koordinatensystem sind zwei Zahlengeraden, die rechtwinklig zueinander sind.

- ***x*-Achse** Abszissenachse (Rechtsachse)
- ***y*-Achse** Ordinatenachse (Hochachse)

Koordinatenursprung

Der Koordinatenursprung in einem kartesischen Koordinatensystem wird mit dem großen Buchstaben O (nicht mit der Ziffer Null) beschriftet.

Er ist der Schnittpunkt O von *x*-Achse und *y*-Achse mit den Koordinaten (0; 0).

Koordinaten

Koordinaten sind Zahlenpaare, durch die die **Lage von Punkten** im Koordinatensystem eindeutig festgelegt ist.

Schreibweise:	$P(3; 4)$ oder $P(3\|4)$	Die erste Zahl ist der *x*-Wert, die zweite Zahl der *y*-Wert.
Abszisse (*x*-Wert)	Abstand von der *y*-Achse	
Ordinate (*y*-Wert)	Abstand von der *x*-Achse	

3 Arten von Funktionen

3.1 Lineare Funktionen

Typen linearer Funktionen

■ $y = f(x) = mx \quad (m \neq 0)$

DB: $-\infty < x < +\infty$
WB: $-\infty < y < +\infty$

Graph: Gerade durch $O\,(0;\,0)$

m: Steigungsfaktor (Anstieg)
$m_1 > 0$ steigende Gerade
$m_2 < 0$ fallende Gerade

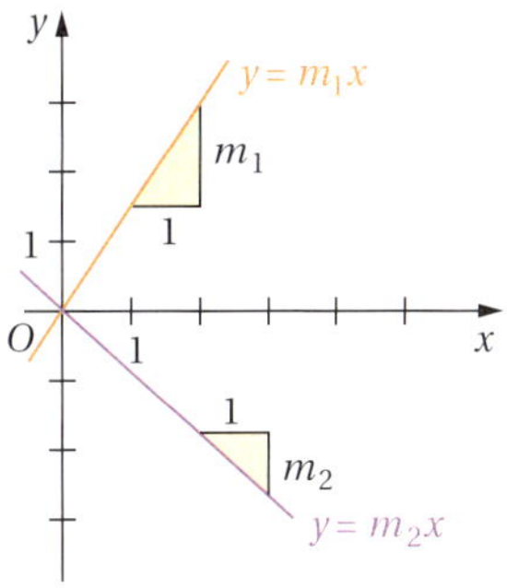

Wegen $m = \frac{y}{x} = \frac{2y}{2x} = \frac{3y}{3x} = \ldots$ beschreibt die Gleichung $y = f(x) = mx$ einen **proportionalen Zusammenhang.** Man nennt $y = f(x) = mx$ eine **proportionale Funktion.**

■ $y = f(x) = mx + n \quad (m \neq 0)$

DB: $-\infty < x < +\infty$
WB: $-\infty < y < +\infty$

Graph: Gerade mit der Steigung m, welche die y-Achse im Punkt $S\,(0;\,n)$ schneidet

n: y-Achsenabschnitt der Geraden (Ordinatenabschnitt)

Nullstelle: $x_0 = -\frac{n}{m}$

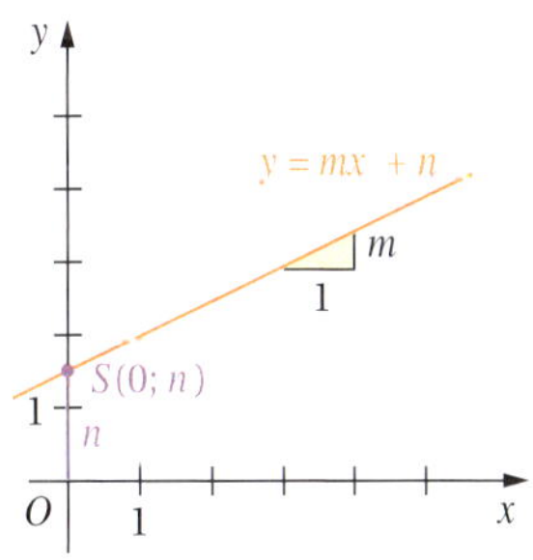

Steigung (Anstieg) m der Geraden g durch die Punkte $P_1(x_1;\,y_1)$ und $P_2\,(x_2;\,y_2)$

$$m = \frac{y_2 - y_1}{x_2 - x_1} \qquad (x_1 \neq x_2)$$

Konstante Funktion:
Wenn $m = 0$, dann $y_1 = y_2$

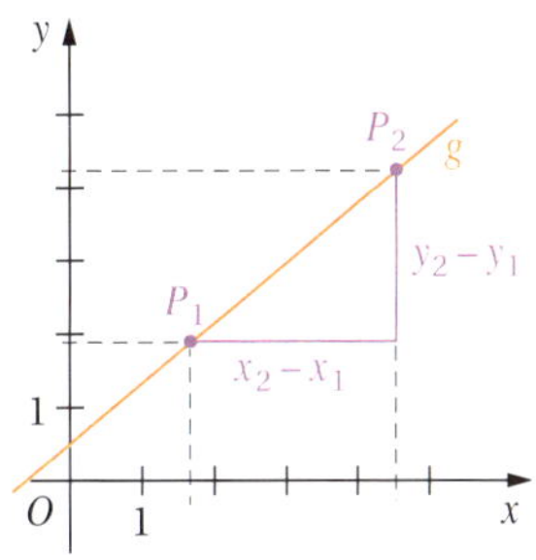

3.2 Quadratische Funktionen

Typen quadratischer Funktionen

Die **allgemeine Form** der quadratischen Funktion lautet: $y = f(x) = ax^2 + bx + c \quad (a, b, c \in \mathbb{R};\ a \neq 0)$

Eine Funktion mit einer Gleichung der Form $y = ax^2 + bx + c$ $(a \neq 0)$ oder einer solchen, die durch äquivalentes Umformen in diese Form überführt werden kann, heißt **quadratische Funktion.**

ax^2 heißt **quadratisches Glied**
bx heißt **lineares Glied**
c heißt **konstantes Glied** (Absolutglied)

■ $y = f(x) = x^2$

DB: $-\infty < x < +\infty$
WB: $0 \leq y < +\infty$

Graph: **Normalparabel**
Die Normalparabel ist nach oben geöffnet.

Scheitelpunkt: $S(0; 0)$

Symmetrieachse: y-Achse

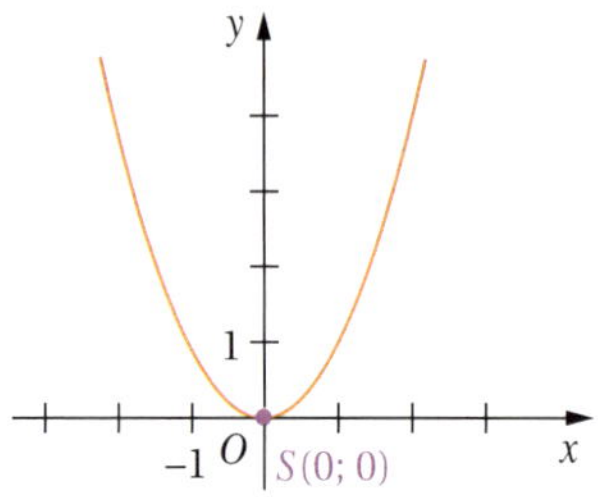

■ $y = f(x) = ax^2$

DB: $-\infty < x < +\infty$
WB: für $a > 0$ $\quad 0 \leq y < +\infty$
für $a < 0$ $\quad -\infty < y \leq 0$

Scheitelpunkt: $S(0; 0)$

Öffnung der Parabel:

$a > 0$	Parabel nach oben geöffnet
$a < 0$	Parabel nach unten geöffnet

Form der Parabel bezogen auf $y = x^2$:

$a > 1$	Streckung auf das a-fache in Richtung der y-Achse
$0 < a < 1$	Stauchung auf das a-fache in Richtung der y-Achse
$a < 0$	Spiegelung an der x-Achse sowie Streckung ($a < -1$) oder Stauchung ($-1 < a < 0$) in Richtung der y-Achse

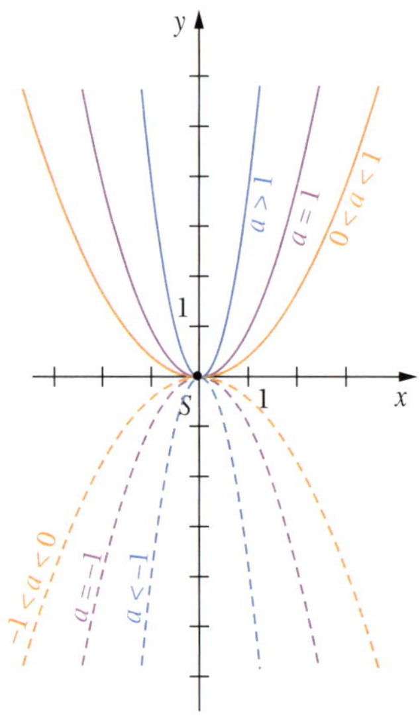

Typen quadratischer Funktionen (Fortsetzung)

$y = f(x) = x^2 + c$

DB: $-\infty < x < +\infty$

WB: $c \leq y < +\infty$

Der Summand c bewirkt eine Verschiebung der Parabel um c Einheiten entlang der y-Achse.

Scheitelpunkt: $S(0; c)$

Verschiebung der Parabel:

$c > 0$ Parabel nach oben verschoben

$c < 0$ Parabel nach unten verschoben

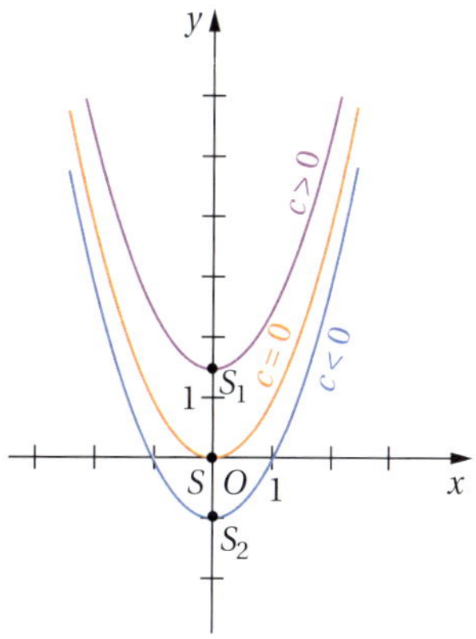

Normalform

$y = f(x) = x^2 + px + q$ $(p, q \in \mathbb{R})$,

hervorgegangen aus der allgemeinen Form durch:

$p = \frac{b}{a}$; $q = \frac{c}{a}$

DB: $-\infty < x < +\infty$

WB: $q - \frac{p^2}{4} \leq y < +\infty$

Scheitelpunkt: $S(-\frac{p}{2}; -\frac{p^2}{4} + q)$

Nullstellen: $x_{1;2} = -\frac{p}{2} \pm \sqrt{\left(\frac{p}{2}\right)^2 - q}$

Diskriminante: $D = \left(\frac{p}{2}\right)^2 - q$

$D > 0$	$D = 0$	$D < 0$
zwei	eine	keine Nullstelle

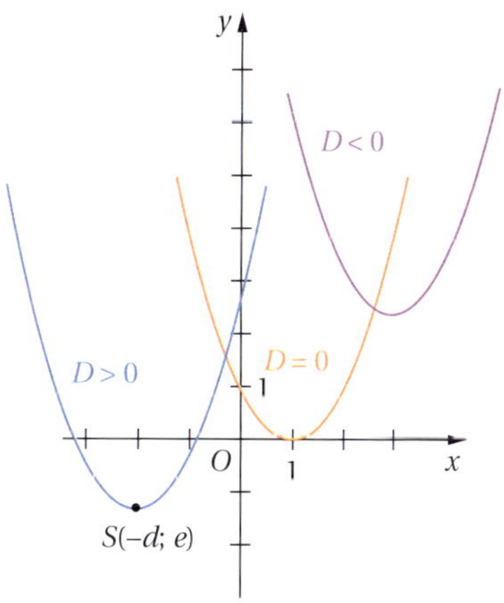

Scheitelpunktform

$y = (x + d)^2 + e$ $S(-d; e)$

Sonderfälle

$y = x^2$ $S(0; 0)$

$y = (x + d)^2$ $S(-d; 0)$

3.3 Umgekehrt proportionale Funktionen

Umgekehrt proportionale Funktionen

$y = f(x) = \frac{k}{x} \quad (x \neq 0)$

DB: $-\infty < x < +\infty; \quad x \neq 0$

WB: $-\infty < y < +\infty; \quad y \neq 0$

Graph: Gekrümmte Linie, die beide Achsen des Koordinatensystems weder berührt noch schneidet, sich ihnen aber immer mehr nähert **(Hyperbel)**

Wegen $k = x \cdot y = 2x \cdot \frac{1}{2}y = 3x \cdot \frac{1}{3}y = \ldots$

spricht man von einer **umgekehrt proportionalen Funktion**.

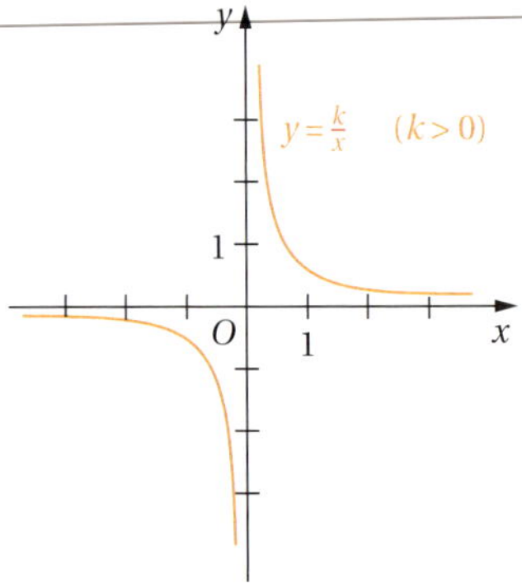

3.4 Potenzfunktionen

Typen von Potenzfunktionen

$y = f(x) = x^n \quad (n \in \mathbb{Z})$

Funktionen mit Gleichungen der Form $y = x^n$ ($x \in \mathbb{R}$, $n \in \mathbb{Z}$) heißen **Potenzfunktionen n-ten Grades.**

Ist der Exponent n eine gerade Zahl ($n = 2k$ mit $k \in \mathbb{Z}$), so liegen **gerade Funktionen** vor. Ist der Exponent n eine ungerade Zahl ($n = 2k + 1$ mit $k \in \mathbb{Z}$), so liegen **ungerade Funktionen** vor.

$y = f(x) = x^n \quad (n \in \mathbb{Z})$

$n > 0$

n gerade Zahl

DB: $-\infty < x < +\infty$

WB: $0 \leq y < +\infty$

Nullstelle: $x_0 = 0$

Gemeinsame Punkte aller Graphen:
(–1; 1), (0; 0), (1; 1)

n ungerade Zahl

DB: $-\infty < x < +\infty$

WB: $-\infty < y < +\infty$

Nullstelle: $x_0 = 0$

gemeinsame Punkte aller Graphen:
(–1; –1), (0; 0), (1; 1)

Der Graph dieser Funktionen ist eine **Parabel** 2., 3., …, n-ten Grades.

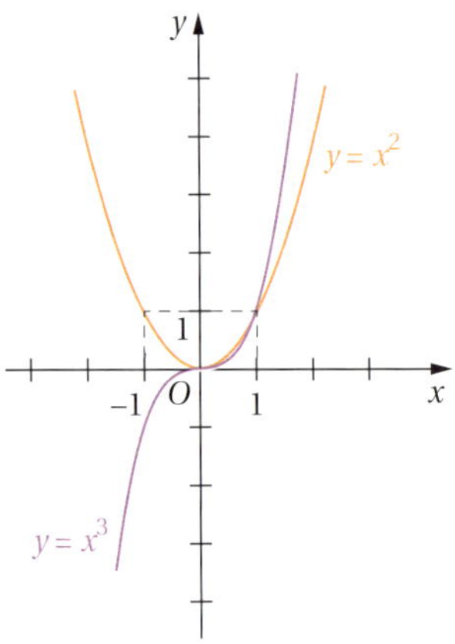

Typen von Potenzfunktionen (Fortsetzung)

$y = f(x) = x^n \quad (n \in \mathbb{Z})$
$n < 0$

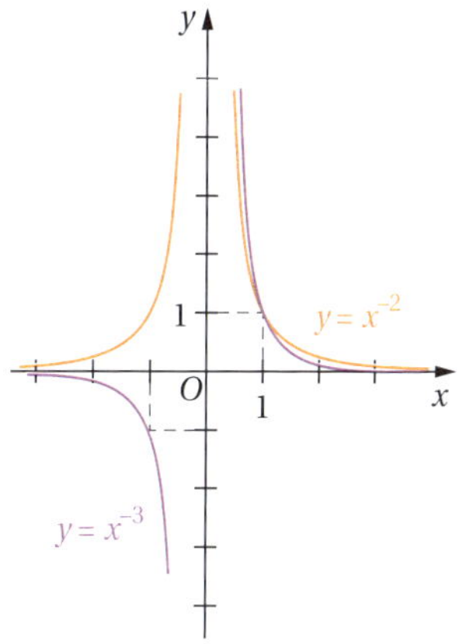

n gerade Zahl

DB: $-\infty < x < +\infty; \quad x \neq 0$
WB: $0 < y < +\infty$

Nullstelle: keine
gemeinsame Punkte aller Graphen: (–1; 1), (1; 1)

n ungerade Zahl

DB: $-\infty < x < +\infty; \quad x \neq 0$
WB: $-\infty < y < +\infty; \quad y \neq 0$

Nullstelle: keine
Gemeinsame Punkte aller Graphen: (–1; –1), (1; 1)
Die Graphen dieser Funktionen sind **Hyperbeln** mit jeweils zwei Ästen.

BESONDERS NÜTZLICH

Umkehrfunktion

Häufig treten Funktionen mit Gleichungen der Form $y = f(x) = \sqrt[n]{x}$ auf.
Ein Beispiel ist $y = f(x) = \sqrt[2]{x} = \sqrt{x}$.
Die Funktion $f(x) = \sqrt{x}$ ist die Umkehrfunktion (inverse Funktion) zu $y = g(x) = x^2$, jedoch nur für $x \geq 0$, da die Gleichung $g(x) = x^2$ keine umkehrbar eindeutige (eineindeutige) Zuordnung beschreibt.

3.5 Wurzelfunktionen

Nichtrationale Funktionen

- Die Funktionen $y = f(x) = \sqrt[n]{x}$ $(n \in \mathbb{N}^*\backslash\{1\})$ sind **nichtrationale Funktionen.**

  DB: $0 \leq x < +\infty$
  WB: $0 \leq y < +\infty$

  Nullstelle: $x_0 = 0$
  gemeinsame Punkte der Funktionsgraphen: (0; 0), (1; 1)

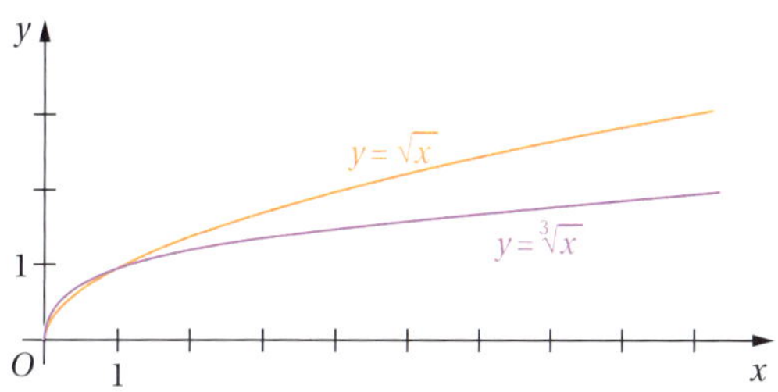

- Die Funktion mit $f(x) = \sqrt{x}$ ist die Umkehrfunktion zu $g(x) = x^2$ $(x \geq 0)$.

Die Funktion $f(x) = \sqrt{x}$ ist die Umkehrfunktion zu $g(x) = x^2$ für $x \in \mathbb{R}^+, x \geq 0$

Die Funktion $f(x) = \sqrt[3]{x}$ ist die Umkehrfunktion zu $g(x) = x^3$ für $x \in \mathbb{R}^+, x \geq 0$

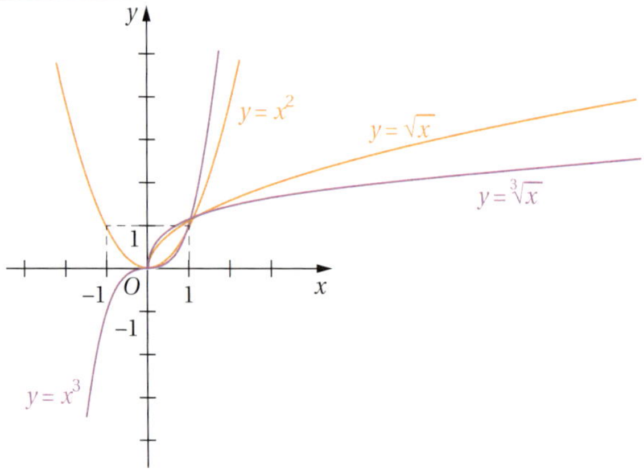

3.6 Winkelfunktionen

3.6.1 Winkelmaße

Winkelmaße	
Gradmaß	Das Gradmaß ist die Größe des Winkels α (β, γ, …) im Verhältnis zum Vollwinkel. Einheit: 1° (ein Grad); Vollwinkel 360°; rechter Winkel 90° Unterteilung: Dezimal oder Minute (1° = 60') und Sekunde (1' = 60")
Bogenmaß	Das Bogenmaß ist die Größe des (Zentri-)Winkels x (y, z,…) als Verhältnis der Bogenlänge b zum Radius r; $x = \text{arc}\,\alpha$ Einheit: 1 rad (ein Radiant); x hat die Größe 1 rad, wenn $b = r$.
Umrechnungen Grad-/Bogenmaß	1° ≈ 0,01745 rad 1 rad ≈ 57,296° $\frac{\alpha}{\text{arc}\,\alpha} = \frac{180°}{\pi}$ $\alpha = \frac{180° \cdot \text{arc}\,\alpha}{\pi}$ $\text{arc}\,\alpha = \frac{\alpha \cdot \pi}{180°}$
Neugrad	Ein Neugrad ist die Größe des Winkels α (β, γ, …) im Verhältnis zum Vollwinkel. Einheit: 1^g (1 Gon); Vollwinkel 400^g; rechter Winkel 100^g

FUNKTIONEN

3.6.2 Definition von Winkelfunktionen

Definition am rechtwinkligen Dreieck

$0° < \alpha < 90°$

- $\sin\alpha = \frac{a}{c} = \frac{\text{Gegenkathete}}{\text{Hypotenuse}}$
- $\cos\alpha = \frac{b}{c} = \frac{\text{Ankathete}}{\text{Hypotenuse}}$
- $\tan\alpha = \frac{a}{b} = \frac{\text{Gegenkathete}}{\text{Ankathete}}$
- $\cot\alpha = \frac{b}{a} = \frac{\text{Ankathete}}{\text{Gegenkathete}}$

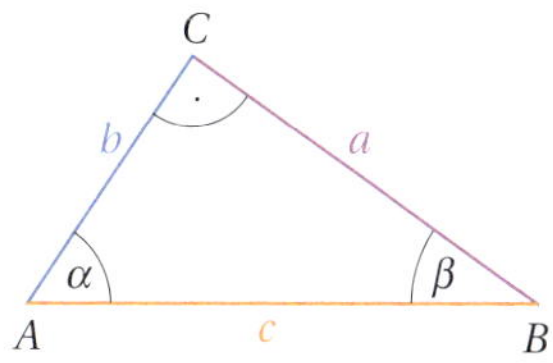

Definition am Kreis mit dem Radius *r*

Der freie Schenkel des Winkels der Größe *x* schneidet den Kreis im Punkt *P* (*u*; *v*).

- $\sin x = \frac{v}{r}$ $(x \in \mathbb{R})$
- $\cos x = \frac{u}{r}$
- $\tan x = \frac{v}{u}$ (für alle $x \neq \frac{\pi}{2} + k\pi,\ k \in \mathbb{Z}$)
- $\cot x = \frac{u}{v}$ (für alle $x \neq k\pi,\ k \in \mathbb{Z}$)

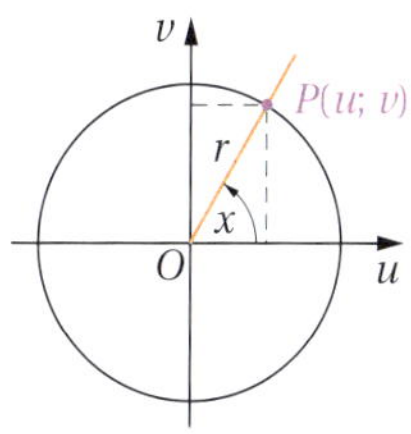

3.6.3 Eigenschaften von Winkelfunktionen

Für den gesamten Abschnitt gilt: Nenner $\neq 0$.

Zusammenhänge zwischen Winkelfunktionen

Additionstheoreme

$\sin(\alpha \pm \beta) = \sin\alpha\,\cos\beta \pm \cos\alpha\,\sin\beta$

$\tan(\alpha \pm \beta) = \frac{\tan\alpha \pm \tan\beta}{1 \mp \tan\alpha \cdot \tan\beta}$

$\cos(\alpha \pm \beta) = \cos\alpha\,\cos\beta \mp \sin\alpha\,\sin\beta$

Für jeden Winkel α gilt:

$\sin^2\alpha + \cos^2\alpha = 1$

$\tan\alpha \cdot \cot\alpha = 1$

$\tan\alpha = \frac{\sin\alpha}{\cos\alpha}$

$\cot\alpha = \frac{\cos\alpha}{\sin\alpha}$

$1 + \tan^2\alpha = \frac{1}{\cos^2\alpha}$

$1 + \cot^2\alpha = \frac{1}{\sin^2\alpha}$

Für beliebige Winkel α gilt:

	$90° \pm \alpha$	$180° \pm \alpha$	$270° \pm \alpha$	$360° \pm \alpha$	$-\alpha$
sin	$+\cos\alpha$	$\mp\sin\alpha$	$-\cos\alpha$	$\pm\sin\alpha$	$-\sin\alpha$
cos	$\mp\sin\alpha$	$-\cos\alpha$	$\pm\sin\alpha$	$+\cos\alpha$	$+\cos\alpha$
tan	$\mp\cot\alpha$	$\pm\tan\alpha$	$\mp\cot\alpha$	$\pm\tan\alpha$	$-\tan\alpha$
cot	$\mp\tan\alpha$	$\pm\cot\alpha$	$\mp\tan\alpha$	$\pm\cot\alpha$	$-\cot\alpha$

Periodizität der Sinus- und Kosinusfunktion

$\sin(x + k \cdot 2\pi) = \sin x \; (k \in \mathbb{Z})$

$\cos(x + k \cdot 2\pi) = \cos x \; (k \in \mathbb{Z})$

$\sin(-x) = -\sin x$

$\cos(-x) = \cos x$

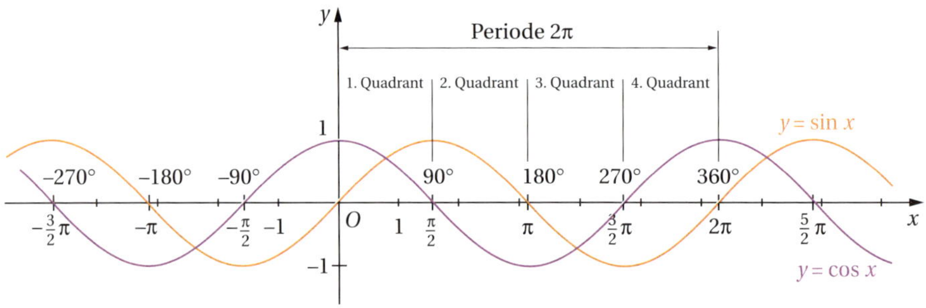

Eigenschaften einzelner Winkelfunktionen

Sinusfunktion $y = f(x) = \sin x$

DB: $-\infty < x < +\infty$
WB: $-1 \leq y \leq 1$

Nullstellen: $x_k = k\pi \qquad k \in \mathbb{Z}$

Periode: 2π
$\sin(x + 2k\pi) = \sin x$

$y = f(x) = a \sin x$
DB: $-\infty < x < +\infty$
WB: $-a \leq y \leq a$

$y = f(x) = \sin bx$

Nullstellen: $x_k = \frac{k\pi}{b}$

$y = f(x) = a \sin bx$

Periode: $\frac{2\pi}{|b|}$

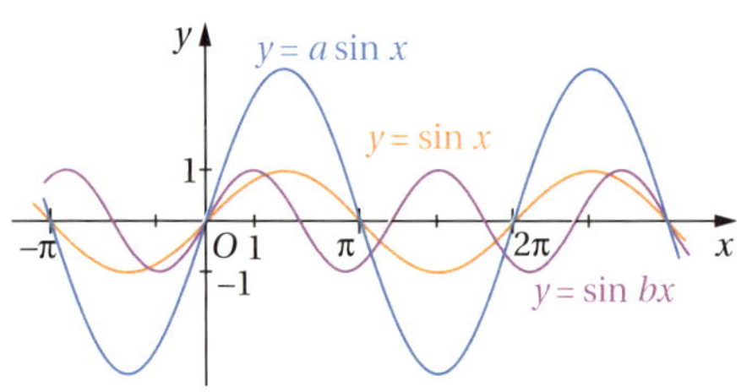

Eigenschaften einzelner Winkelfunktionen (Fortsetzung)

Kosinusfunktion $y = f(x) = \cos x$

DB: $-\infty < x < +\infty$

WB: $-1 \leq y \leq 1$

Nullstellen: $x_k = (2k+1)\frac{\pi}{2}$ $\quad k \in \mathbb{Z}$

Periode: 2π

$\cos(x + 2k\pi) = \cos x$

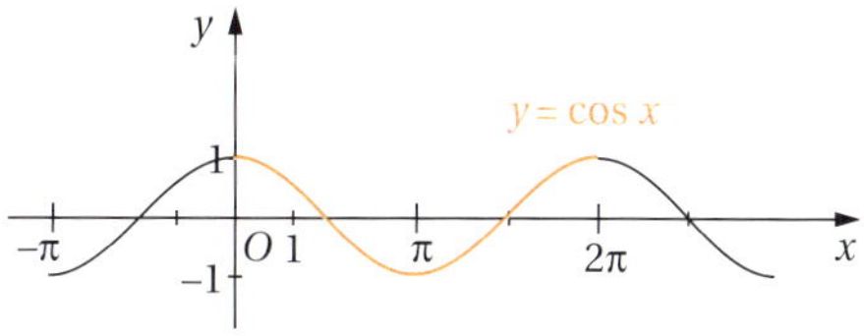

Tangensfunktion $y = f(x) = \tan x$

DB: $-\infty < x < +\infty$

$x \neq (2k+1)\frac{\pi}{2}$ $\quad k \in \mathbb{Z}$

WB: $-\infty < y < +\infty$

Nullstellen: $x_k = k\pi$ $\quad k \in \mathbb{Z}$

Periode: π

$\tan(x + k\pi) = \tan x$

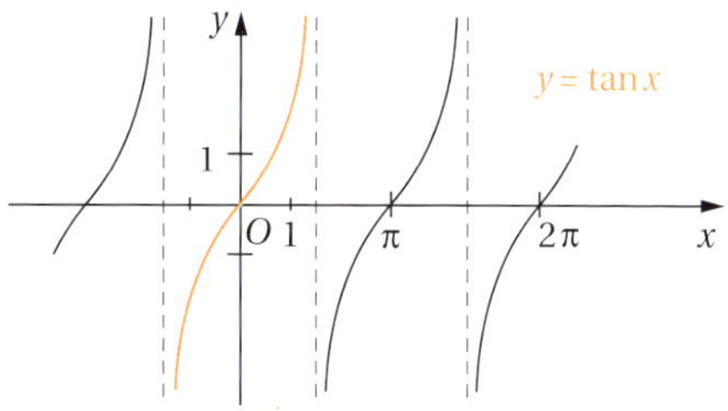

Werte von Winkelfunktionen für spezielle Argumente

	0°	30°	45°	60°	90°	120°	135°	150°	180°
	0	$\frac{\pi}{6}$	$\frac{\pi}{4}$	$\frac{\pi}{3}$	$\frac{\pi}{2}$	$\frac{2\pi}{3}$	$\frac{3\pi}{4}$	$\frac{5\pi}{6}$	π
$y = \sin x$	0	$\frac{1}{2}$	$\frac{1}{2}\sqrt{2}$	$\frac{1}{2}\sqrt{3}$	1	$\frac{1}{2}\sqrt{3}$	$\frac{1}{2}\sqrt{2}$	$\frac{1}{2}$	0
$y = \cos x$	1	$\frac{1}{2}\sqrt{3}$	$\frac{1}{2}\sqrt{2}$	$\frac{1}{2}$	0	$-\frac{1}{2}$	$-\frac{1}{2}\sqrt{2}$	$-\frac{1}{2}\sqrt{3}$	-1
$y = \tan x$	0	$\frac{1}{3}\sqrt{3}$	1	$\sqrt{3}$	–	$-\sqrt{3}$	-1	$-\frac{1}{3}\sqrt{3}$	0

BESONDERS NÜTZLICH

Vorzeichen der Werte von Winkelfunktionen

Das Vorzeichen des Werts einer Winkelfunktion hängt vom Quadranten ab, in dem das Argument liegt.

Funktion \ Quadrant	I	II	III	IV
$y = \sin x$	+	+	−	−
$y = \cos x$	+	−	−	+
$y = \tan x$	+	−	+	−

3.6.4 Anwendungen von Winkelfunktionen

Anwendungen von Winkelfunktionen bei Dreiecksberechnungen

- **Sinussatz**

$$\frac{a}{b} = \frac{\sin\alpha}{\sin\beta}$$

$$\frac{b}{c} = \frac{\sin\beta}{\sin\gamma}$$

$$\frac{a}{c} = \frac{\sin\alpha}{\sin\gamma}$$

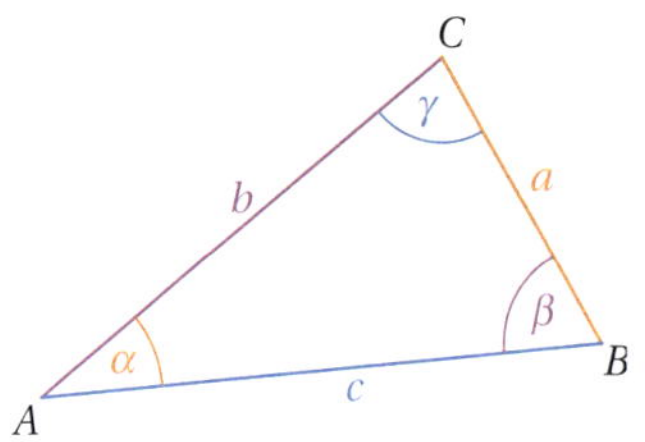

- **Kosinussatz**

$$a^2 = b^2 + c^2 - 2bc \cdot \cos\alpha$$
$$b^2 = a^2 + c^2 - 2ac \cdot \cos\beta$$
$$c^2 = a^2 + b^2 - 2ab \cdot \cos\gamma$$

- **Flächeninhalt**

$$A = \frac{1}{2}\, ab \cdot \sin\gamma = \frac{1}{2}\, bc \cdot \sin\alpha = \frac{1}{2}\, ac \cdot \sin\beta = 2r^2 \cdot \sin\alpha \cdot \sin\beta \cdot \sin\gamma$$

r Umkreisradius

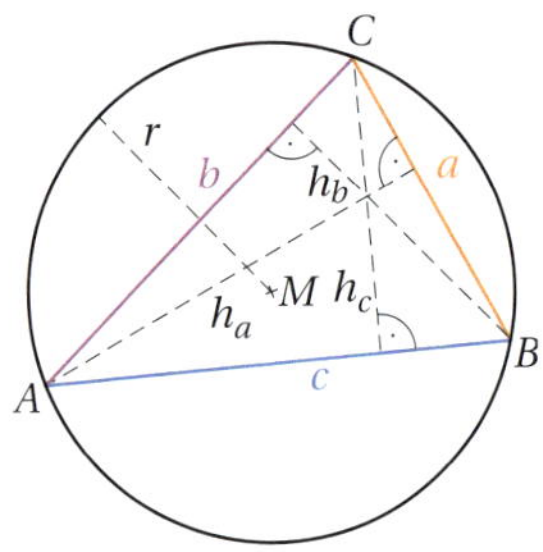

- **Höhen**

$$h_a = b \cdot \sin\gamma = c \cdot \sin\beta$$
$$h_b = a \cdot \sin\gamma = c \cdot \sin\alpha$$
$$h_c = b \cdot \sin\alpha = a \cdot \sin\beta$$

3.7 Exponentialfunktionen

Exponentialfunktionen

$y = f(x) = a^x \quad (a \in \mathbb{R}, a > 0, a \neq 1)$

DB: $-\infty < x < +\infty$
WB: $0 < y < +\infty$

Nullstellen: keine
Gemeinsamer Punkt aller Graphen: (0; 1)

Spezialfall: $y = e^x$

$y = f(x) = \lg x$ ist Umkehrfunktion von $y = g(x) = 10^x$.

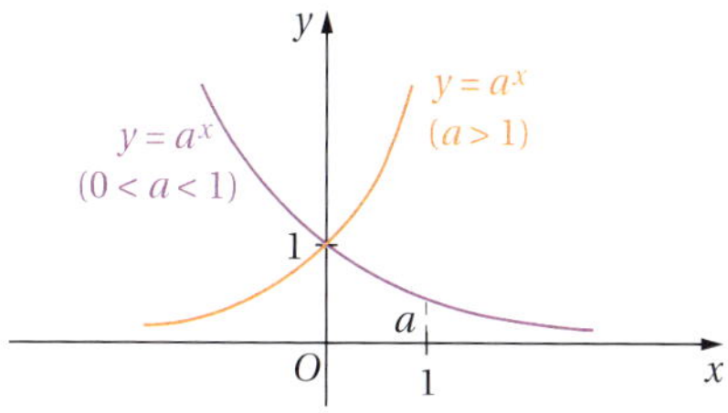

3.8 Logarithmusfunktionen

Logarithmusfunktionen

$y = f(x) = \log_a x \quad (a \in \mathbb{R}, a > 0, a \neq 1)$

DB: $0 < x < +\infty$
WB: $-\infty < y < +\infty$

Nullstelle: $x_0 = 1$
gemeinsamer Punkt aller Graphen: (1; 0)

Spezialfälle:
$y = \log_{10} x = \lg x$
$y = \log_e x = \ln x$
$y = \log_2 x = \operatorname{lb} x$

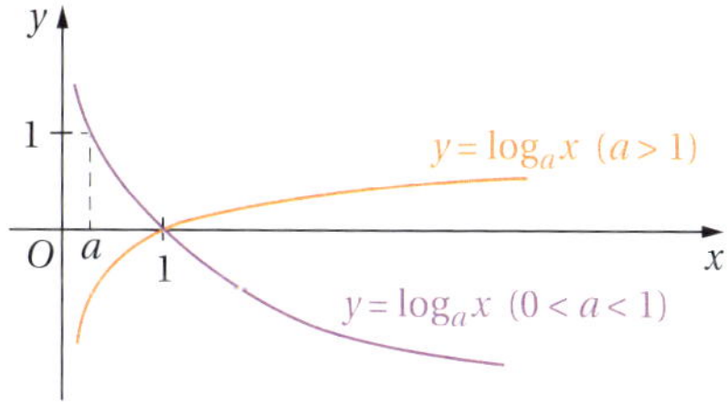

Beispiele für Werte von Logarithmusfunktionen

$\log_a x$ \ x	0,5	1	2	3	4	6	8	10	100
$\lg x$	– 0,30	0	0,30	0,48	0,60	0,78	0,90	1	2
$\operatorname{lb} x$	– 1	0	1	1,58	2	2,58	3	3,32	6,64
$\ln x$	– 0,69	0	0,69	1,10	1,39	1,79	2,08	2,30	4,61
$\log_{0,5} x$	1	0	– 1	– 1,58	– 2	– 2,58	– 3	– 3,32	– 6,64

3.9 Eigenschaften von Funktionen

Monotonie

Eine Funktion f heißt in einem Intervall I ihres Definitionsbereiches D für beliebige x_1 und x_2 mit $x_1 < x_2$

monoton fallend,	**streng monoton fallend,**	**streng monoton wachsend,**	**monoton wachsend**
wenn $f(x_1) \geq f(x_2)$ gilt.	wenn $f(x_1) > f(x_2)$ gilt.	wenn $f(x_1) < f(x_2)$ gilt.	wenn $f(x_1) \leq f(x_2)$ gilt.

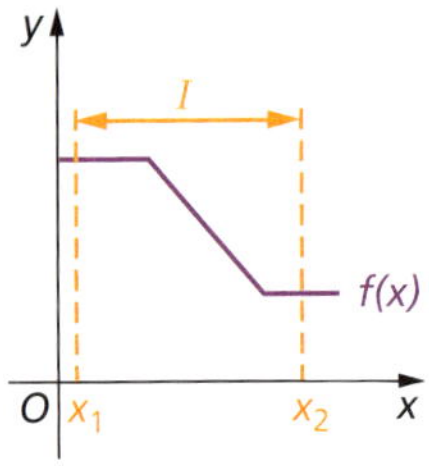

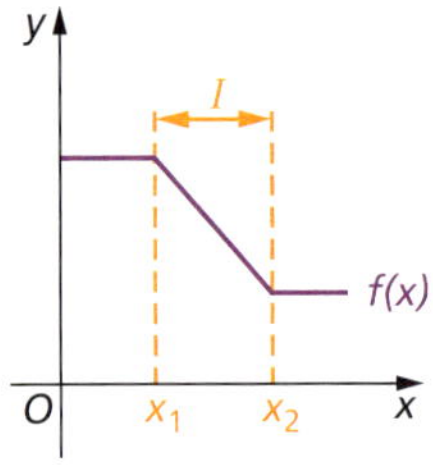

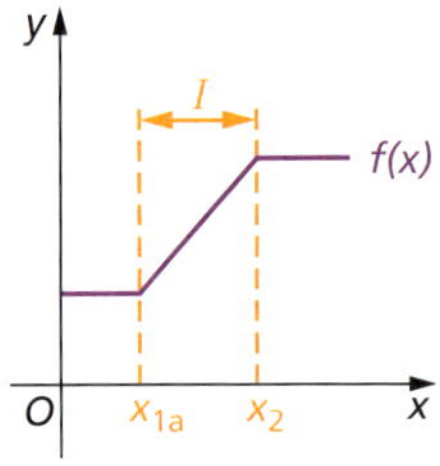

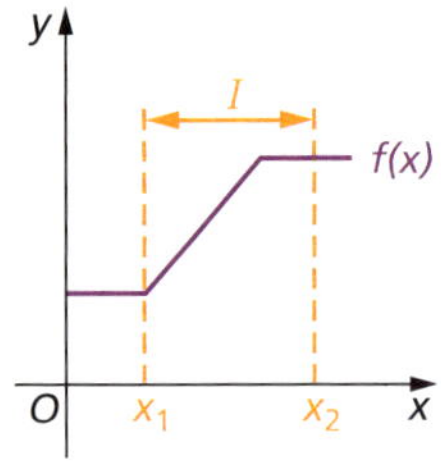

Symmetrie

Eine Funktion f, bei der x und $-x$ Elemente des Definitionsbereiches D sind, heißt

gerade Funktion, wenn $f(-x) = f(x)$ gilt.	**ungerade Funktion,** wenn $f(-x) = -f(x)$ gilt.

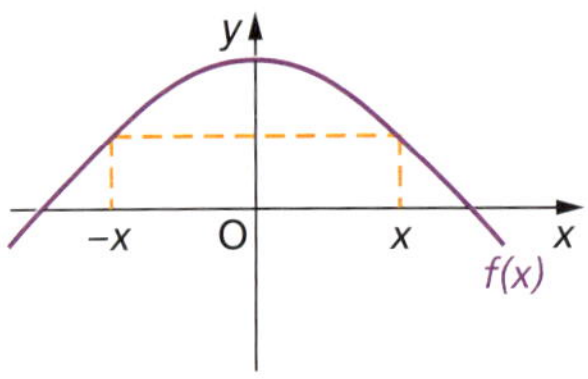

achsen-symmetrisch zur y-Achse

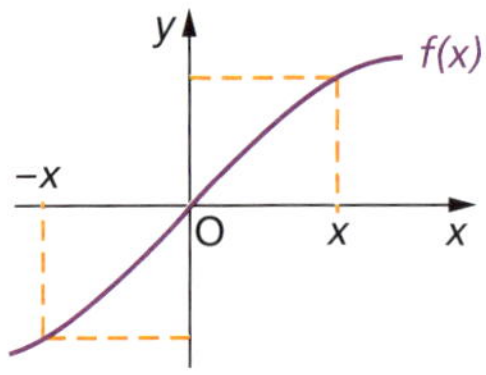

punktsymmetrisch zum Koordinaten-ursprung

Periodizität

Eine Funktion f heißt **periodische Funktion,** wenn es eine positive Zahl b gibt, sodass für jedes x aus dem Definitionsbereich D gilt:
$f(x) = f(x + b)$, sofern $x + b \in D$
Die kleinste Zahl b heißt **Periode** von f.

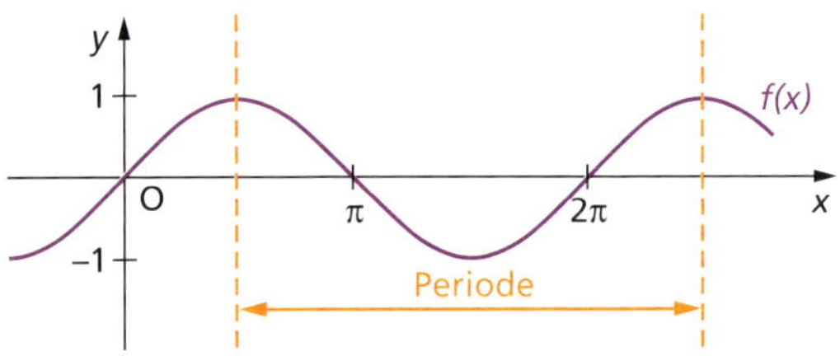

Umkehrbarkeit

Durch Vertauschen der Elemente in allen Paaren $(x \mid y)$ einer eineindeutigen Funktion f entsteht wieder eine Funktion.
Diese Funktion heißt **Umkehrfunktion (inverse Funktion)** von f und wird mit f^{-1} bezeichnet.

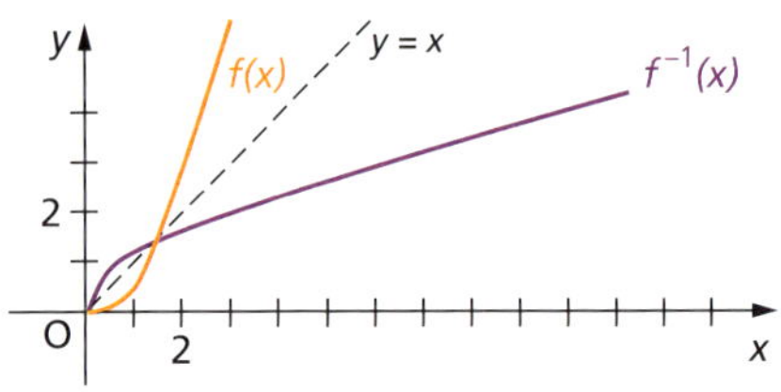

WAHRSCHEINLICHKEITSRECHNUNG UND STATISTIK

1 Kombinatorik

BLICKPUNKT

In der **Kombinatorik** werden verschiedene Möglichkeiten der Anordnung von Gegenständen bzw. Zahlen untersucht. Typische kombinatorische Fragen sind z.B.:

- Wie viele Möglichkeiten gibt es, vier Buchstaben anzuordnen?
- Wie viele Diagonalen besitzt ein konvexes n-Eck?
- Wie viele Möglichkeiten gibt es, sechs Zahlen beim Spiel „6 aus 49" anzukreuzen?

Das Problem, n Personen in einer Reihe anzuordnen, d.h., sie auf n Plätze zu verteilen, führt zum Begriff der **Permutation.**

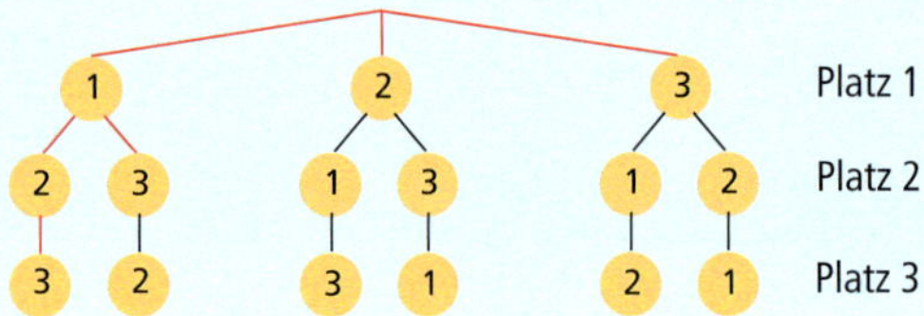

1.1 Fakultät; Binomialkoeffizienten

Fakultät und Binomialkoeffizienten

Fakultät n!

n! (sprich: „n Fakultät") ist das Produkt aller natürlichen Zahlen von 1 bis n.

$n! = 1 \cdot 2 \cdot 3 \cdot \ldots \cdot (n-1) \cdot n$ $\qquad n \in \mathbb{N}^*$

$0! = 1$

$1! = 1$

Es gilt: $(n+1)! = n! \cdot (n+1)$

Zahlenwerte für n!

n	1	2	3	4	5	6	7	8	9	10	100
$n!$	1	2	6	24	120	720	5 040	40 320	362 880	3 628 800	$\approx 9{,}333 \cdot 10^{157}$

Binomialkoeffizienten $\binom{n}{k}$

$\binom{n}{k}$ (sprich: „n über k"; $k, n \in \mathbb{N}$; $0 < k \leq n$) ist der Quotient

$$\binom{n}{k} = \frac{n \cdot (n-1) \cdot (n-2) \cdot \ldots \cdot [n-(k-1)]}{1 \cdot 2 \cdot 3 \cdot \ldots \cdot k} = \frac{n!}{k!(n-k)!}$$

$\binom{n}{0} = 1 \qquad \binom{n}{1} = n$

Rechenregeln:

$\binom{n}{k} = \binom{n}{n-k} \qquad \binom{n}{k} + \binom{n}{k+1} = \binom{n+1}{k+1} \qquad k, n \in \mathbb{N}$

Binomische Formeln

1. binomische Formel	$(a+b)^2 = a^2 + 2ab + b^2$
2. binomische Formel	$(a-b)^2 = a^2 - 2ab + b^2$
3. binomische Formel	$(a+b)(a-b) = a^2 - b^2$

$$(a+b)^3 = a^3 + 3a^2b + 3ab^2 + b^3$$
$$(a-b)^3 = a^3 - 3a^2b + 3ab^2 - b^3$$
$$(a-b)(a^2 + ab + b^2) = a^3 - b^3$$

Binomischer Satz

$$(a+b)^n = \binom{n}{0} a^n + \binom{n}{1} a^{n-1} b + \binom{n}{2} a^{n-2} b^2 + \ldots + \binom{n}{n-1} ab^{n-1} + \binom{n}{n} b^n \qquad a, b \in \mathbb{R};\ n \in \mathbb{N}$$

BESONDERS NÜTZLICH

Pascalsches Zahlendreieck

An der Spitze (0. Zeile) steht eine 1, die erste Zeile heißt „1 1“, in jeder neuen Zeile beginnt und endet man mit 1 und schreibt in die Lücken die Summe der beiden darüberstehenden Zahlen. Diese Anordnung heißt nach Blaise Pascal pascalsches Dreieck.

Die Zahlen in Zeile n sind die Binomialkoeffizienten $\binom{n}{k}$ $(k = 0, 1, \ldots, n)$.

Für jede Zeile n gilt: Die Summe der Zahlen ergibt 2^n.

Binomialkoeffizienten

$n = 0$	1
1	1 1
2	1 2 1
3	1 3 3 1
4	1 4 6 4 1
5	1 5 10 10 5 1
6	1 6 15 20 15 6 1
7	1 7 21 35 35 21 7 1
8	1 8 28 56 70 56 28 8 1
usw.	usw.

Anwendung des *pascalschen Zahlendreiecks*

$(a+b)^0 = 1$

$(a+b)^1 = a + b$

$(a+b)^2 = a^2 + 2ab + b^2$

$(a+b)^3 = a^3 + 3a^2b + 3\,ab^2 + b^3$

$(a+b)^4 = a^4 + 4a^3b + 6a^2b^2 + 4ab^3 + b^4$

$(a+b)^5 = a^5 + 5a^4b + 10a^3b^2 + 10a^2b^3 + 5ab^4 + b^5$

1.2 Permutationen; Variationen; Kombinationen

1.2.1 Permutationen

Permutationen

Jede mögliche Anordnung von allen *n* Elementen einer Menge heißt **Permutation** dieser Elemente. Für *n* verschiedene Elemente gibt es *n*! solche Anordnungsmöglichkeiten.

$P_n = n!$

Drei Elemente: $P_3 = 3 \cdot 2 \cdot 1 = 6$

ABC BAC CAB

ACB BCA CBA

Hat die Menge *n* Elemente und sind darunter $k_1, k_2, k_3, \ldots, k_r$ gleiche Elemente, so gibt es

$\overline{P_n} = \frac{n!}{k_1! \cdot k_2! \cdot \ldots \cdot k_r!}$ Anordnungsmöglichkeiten. Dabei gilt: $k_1 + k_2 + \ldots + k_r = n$.

Vier Elemente, von denen je zwei gleich sind: $\overline{P_4} = \frac{4!}{2! \cdot 2!} = 6$

AABB BAAB

ABAB BABA

ABBA BBAA

1.2.2 Variationen

Variationen ohne und mit Wiederholung

Jede mögliche Anordnung (*mit* Berücksichtigung der Reihenfolge) aus je *k* von *n* Elementen einer Menge heißt **Variation** dieser Elemente (Variation von *n* Elementen zur *k*-ten Klasse).

Für die Anordnung von *k* aus *n* Elementen (*ohne* Wiederholung) gibt es

$V_n^k = \frac{n!}{(n-k)!} = \binom{n}{k} k!$ Möglichkeiten.

Zwei aus drei Elementen $V_3^2 = \frac{3!}{1!} = 6$

AB BA CA

AC BC CB

Für die Anordnung von *k* aus *n* Elementen (*mit* Wiederholung) gibt es

$\overline{V_n^k} = n^k$ Möglichkeiten.

Zwei aus drei Elementen: $\overline{V_3^2} = 3^2 = 9$

AA BA CA

AB BB CB

AC BC CC

WAHRSCHEINLICHKEITSRECHNUNG UND STATISTIK

1.2.3 Kombinationen

Kombinationen ohne und mit Wiederholung

Jede mögliche Anordnung (*ohne* Berücksichtigung der Reihenfolge) aus jeweils k von n Elementen einer Menge heißt **Kombination** dieser Elemente (Kombination von n Elementen zur k-ten Klasse).

Für die Anordnung von k aus n Elementen (*ohne* Wiederholung) gibt es

$C_n^k = \binom{n}{k}$ Möglichkeiten.

Drei aus vier Elementen: $C_4^3 = \binom{4}{3} = 4$	*ABC BCD ABD* *ACD*

Für die Anordnung von k aus n Elementen (*mit* Wiederholung) gibt es

$\overline{C_n^k} = \binom{n+k-1}{k}$ Möglichkeiten.

Zwei aus drei Elementen: $\overline{C_3^2} = \binom{4}{2} = 6$	*AA BB CC* *AB BC* *AC*

1.2.4 Ziehen von Kugeln aus Urnen

Ziehen von Kugeln aus einer Urne

Ziehen ohne Zurücklegen Aus n Kugeln k-mal eine Kugel *ohne* Zurücklegen ziehen:	$n \cdot (n-1) \cdot (n-2) \cdot \ldots \cdot (n-k+1)$ $\binom{n}{k} \cdot k!$ Möglichkeiten (entspricht Variation *ohne* Wiederholung)
Ziehen mit Zurücklegen Aus n Kugeln k-mal eine Kugel *mit* Zurücklegen ziehen:	n^k Möglichkeiten (entspricht Variation *mit* Wiederholung)
Ziehen mit einem Griff Aus n Kugeln mit einem Griff k Kugeln ziehen:	$\binom{n}{k}$ Möglichkeiten (entspricht Kombination *ohne* Wiederholung)

BESONDERS NÜTZLICH

Bestimmung von Permutation, Variation oder Kombination

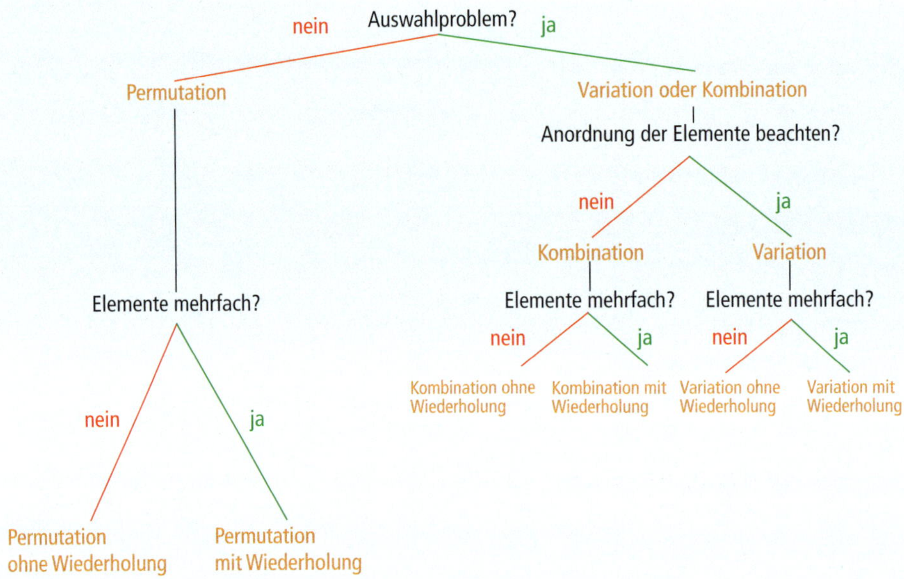

2 Wahrscheinlichkeitsrechnung

BLICKPUNKT

Die **Wahrscheinlichkeitsrechnung** untersucht Gesetzmäßigkeiten zufälliger Erscheinungen in Natur, Gesellschaft oder im Denken. Dazu ist im Allgemeinen das Studium von Massenerscheinungen notwendig; beispielsweise ist die Produktion eines bestimmten Artikels ein solcher Massenvorgang und das Auftreten eines fehlerbehafteten Teils (Ausschuss) ein zufälliges Ereignis. Andere Beispiele:

Vorgang	Merkmal	mögliche Ergebnisse
Werfen eines Würfels	Augenzahl	1; 2; 3; 4; 5; 6
Entwicklung der Freizeitinteressen eines Schülers	Anzahl der Kinobesuche pro Monat	0; 1; 2; 3; 4; …
Überlegungen eines Arztes	Aussagen zur Krankheit eines Patienten	Grippe; Angina; …

2.1 Begriffe

Grundbegriffe der Wahrscheinlichkeitsrechnung

Zufallsexperiment (Zufallsversuch, zufälliger Vorgang)
Ein Zufallsexperiment besitzt mindestens zwei mögliche Ergebnisse, von denen bei jeder Durchführung genau eines erzielt wird. Dabei ist nicht vorhersehbar, welches der möglichen Ergebnisse eintreten wird.
Ein Zufallsexperiment kann unter einem bestimmten Komplex von Bedingungen (prinzipiell) beliebig oft ablaufen.

Mögliche Ergebnisse sind $e_1; e_2; \ldots; e_n$.

Simulation
Eine Simulation ist die Durchführung eines Zufallsexperiments anstelle eines anderen unter Zuhilfenahme anderer Mittel. Dabei bleiben die Anzahl der Ergebnisse und deren Wahrscheinlichkeiten gleich. Das Zufallsexperiment muss strukturgleich und wiederholbar sein.

Beispiel: Statt des Würfelns mit einem idealen Würfel werden Kugeln aus einer Urne gezogen. Die Urne enthält sechs gleichartige Kugeln mit unterschiedlichen Farben.

Ergebnismenge Ω (Stichprobenraum S)
Die Ergebnismenge Ω ist die Menge aller bei einem bestimmten Zufallsexperiment möglichen Ergebnisse.

$\Omega = \{e_1; e_2; \ldots; e_n\}$ (auch $S = \{e_1; e_2; \ldots; e_n\}$)

Ereignis
Jede Teilmenge der Ergebnismenge Ω nennt man Ereignis E.
Man sagt „das Ereignis E ist eingetreten", wenn das Zufallsexperiment mit einem Ergebnis aus dem Ereignis E endet.

Beschreibung von Ereignissen:

Ereignisse (z. B. Würfeln einer Zahl größer als 3) lassen sich auf verschiedene Arten beschreiben:

- Aufzählen der Ergebnisse — $E = \{4; 5; 6\}$
- Beschreibung in Worten — E: Augenzahl ist größer als 3
- als Zufallsvariable — E: $3 < y \leq 6$; y: geworfene Augenzahl

Sicheres Ereignis

Ereignis, das bei *jeder* Versuchsdurchführung eintritt, d. h.: $E = \Omega$

Unmögliches Ereignis

Ereignis, das bei *keiner* Versuchsdurchführung eintritt, d. h.: $E = \emptyset$

Elementarereignis

Ereignis mit genau einem Element, d. h.: $E = \{a\}$

Gegenereignis

Komplementärmenge $\overline{E}$ von E $\quad E \cup \overline{E} = \Omega$

Ereignis $\overline{E}$, das genau dann eintritt, wenn E nicht eintritt

WAHRSCHEINLICHKEITSRECHNUNG UND STATISTIK

Grundbegriffe der Wahrscheinlichkeitsrechnung (Fortsetzung)

Häufigkeit des Eintretens von Ereignissen

Absolute Häufigkeit $H_n(E)$ des Eintretens von E

Anzahl des Eintretens von E bei n Versuchsdurchführungen

Relative Häufigkeit $h_n(E)$ des Eintretens von E

$h_n(E) = \frac{H_n(E)}{n}$ Anzahl des Eintretens von E im Verhältnis zur Anzahl n aller Versuchsdurchführungen

$$\text{relative Häufigkeit} = \frac{\text{absolute Häufigkeit}}{\text{Gesamtzahl der Versuchsdurchführungen}}$$

Empirisches Gesetz der großen Zahlen

Führt man ein Zufallsexperiment sehr oft durch, so stabilisieren sich die relativen Häufigkeiten der einzelnen Ergebnisse.

Hinweis: Die Anleitung zur Arbeit mit Zufallszahlentafeln befindet sich im Anhang auf S.112 vor der Tabelle mit den Zufallszahlen.

2.2 Wahrscheinlichkeit und ihre Eigenschaften

Wahrscheinlichkeit und Wahrscheinlichkeitsverteilung

Wahrscheinlichkeit

Bei einer hinreichend großen Anzahl von Versuchen kann die relative Häufigkeit des Eintretens des Ereignisses E als Zahlenwert für die **Wahrscheinlichkeit von E** gewählt werden.

Der Zahlenwert für die Wahrscheinlichkeit des Eintretens von E wird mit $P(E)$ bezeichnet.

Wahrscheinlichkeitsverteilung

Eine Wahrscheinlichkeitsverteilung ordnet jedem einzelnen Ergebnis genau eine Zahl so zu, dass diese Zahl zwischen 0 und 1 liegt und die Summe dieser Zahlen gleich 1 ist.

Gleichverteilung (klassische Wahrscheinlichkeit; Laplace-Formel)

Haben alle Ergebnisse eines Zufallsexperiments die gleiche Wahrscheinlichkeit, so gilt für ein beliebiges Ereignis E:

$$P(E) = \frac{\text{Anzahl der für } E \text{ günstigen Ergebnisse}}{\text{Anzahl aller möglichen Ergebnisse}}$$

Beim Würfeln mit einem idealen Würfel sind $E_1, E_2, E_3, E_4, E_5, E_6$ (einander ausschließende) Ereignisse, die im Erreichen einer 1, 2, 3, 4, 5 bzw. 6 bestehen ($E_1 = \{1\}$; $E_2 = \{2\}$; …; $E_6 = \{6\}$).

Es ist $P(E_1) = P(E_2) = P(E_3) = P(E_4) = P(E_5) = P(E_6) = \frac{1}{6}$.

Regeln und Sätze für das Rechnen mit Wahrscheinlichkeiten

■ Wahrscheinlichkeit	$0 \leq P(E) \leq 1$
■ Summenregel	Wenn $\{a_1, a_2, \ldots, a_k\} \subseteq \Omega$, dann ist $P(\{a_1, a_2, \ldots, a_k\}) = P(\{a_1\}) + P(\{a_2\}) + \ldots + P(\{a_k\})$.
■ Wahrscheinlichkeit des sicheren Ereignisses	$P(\Omega) = 1$
■ Wahrscheinlichkeit des unmöglichen Ereignisses	$P(\emptyset) = 0$
■ Wahrscheinlichkeit des Gegenereignisses	$P(\bar{E}) = 1 - P(E)$
■ Mengenbeziehung bei Ereignissen	Wenn $E_1 \subseteq E_2$, dann ist $P(E_1) \leq P(E_2)$.
■ Additionssatz für zwei Ereignisse	$P(E_1 \cup E_2) = P(E_1) + P(E_2) - P(E_1 \cap E_2)$

Additionssatz für einander ausschließende Ereignisse E_1 und E_2

$P(E_1 \cup E_2) = P(E_1) + P(E_2)$ Wahrscheinlichkeit für *„entweder E_1 oder E_2* tritt ein"

Beim Würfeln mit einem idealen Würfel sind $E_1, E_2, E_3, E_4, E_5, E_6$ Ereignisse, die im Erreichen einer 1, 2, 3, 4, 5 bzw. 6 bestehen.

Die Wahrscheinlichkeit, bei einem Wurf entweder eine oder eine  zu erreichen, ist

$P(E_1 \cup E_6) = P(E_1) + P(E_6) = \frac{1}{6} + \frac{1}{6} = \frac{1}{3}$.

BERNOULLI-Experiment mit der Erfolgswahrscheinlichkeit p

Experiment, bei dem nur zwei Ergebnisse betrachtet werden:
- Erfolg mit der Erfolgswahrscheinlichkeit p
- Misserfolg mit der Wahrscheinlichkeit q = 1 – p

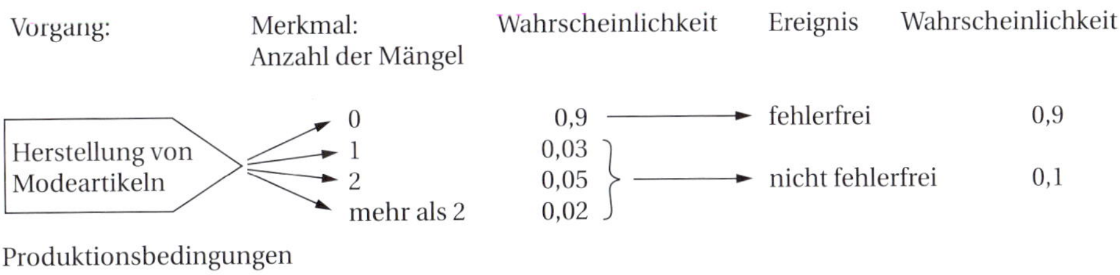

Misserfolg: Das Produkt ist fehlerhaft. Wahrscheinlichkeit p = 0,1
Erfolg: Das Produkt ist fehlerfrei. Wahrscheinlichkeit q = 1 – p = 0,9

2.3 Pfadregeln; unabhängige Ereignisse

Mehrstufiges Zufallsexperiment

Ein aus mehreren nacheinander ablaufenden Teilvorgängen bestehendes Zufallsexperiment heißt **mehrstufiges Zufallsexperiment.**

Baumdiagramm

Ein Baumdiagramm ist eine Möglichkeit der Beschreibung mehrstufiger Zufallsexperimente.

Ziehen von zwei Kugeln ohne Zurücklegen aus einer Urne mit drei unterschiedlichen Kugeln:

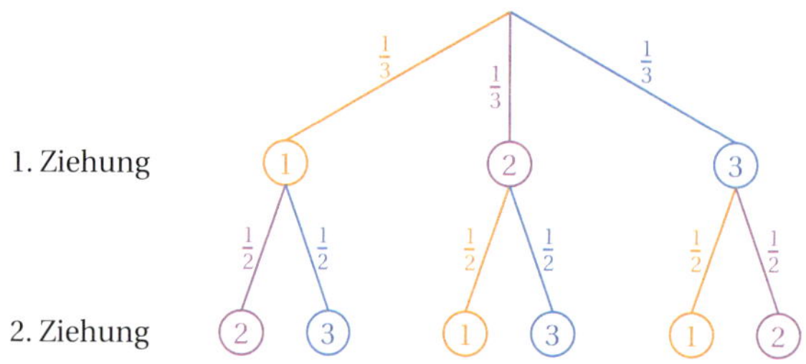

Ergebnisse/ Elementarereignisse: E_1 {(1; 2)}, E_2 {(1; 3)}, E_3 {(2; 1)}, E_4 {(2; 3)}, E_5 {(3; 1)}, E_6 {(3; 2)}

Jeder Pfad eines Baumdiagramms zeigt ein mögliches Ergebnis auf.

Pfadregeln

- **1. Pfadregel (Produktregel)**
  Die Wahrscheinlichkeit für ein Ergebnis ist gleich dem Produkt aller längs des Pfades auftretenden Wahrscheinlichkeiten.
- **2. Pfadregel (Summenregel)**
  Die Wahrscheinlichkeit für ein Ereignis ist gleich der Summe der zugehörigen Pfadwahrscheinlichkeiten, d. h. der Wahrscheinlichkeiten der Pfade, bei denen das Ereignis eintritt.

Unabhängige und abhängige Ereignisse

Unabhängige Ereignisse

Zwei Ereignisse heißen voneinander **unabhängig,** wenn das Eintreten des einen Ereignisses keinen Einfluss auf die Wahrscheinlichkeit des anderen Ereignisses hat. Ansonsten heißen sie voneinander **abhängig.**

Bedingte Wahrscheinlichkeit $P_B(A)$

Wahrscheinlichkeit des Ereignisses A unter der Voraussetzung, dass das Ereignis B mit einer bestimmten Wahrscheinlichkeit bereits eingetreten ist

$$P_B(A) = \frac{P(A \cap B)}{P(B)}, \text{ falls } P(B) > 0$$

Multiplikationssatz

$P(A \cap B) = P(B) \cdot P_B(A) = P(A) \cdot P_A(B)$, falls $P(B)$ bzw. $P(A) > 0$

Unabhängige und abhängige Ereignisse (Fortsetzung)

Multiplikationssatz für unabhängige Ereignisse E_1 und E_2
Wahrscheinlichkeit für „*sowohl* E_1 als *auch* E_2 tritt ein"
$P(E_1 \cap E_2) = P(E_1) \cdot P(E_2)$

Beim Würfeln mit zwei idealen Würfeln sind E_1, E_2, E_3, E_4, E_5, E_6 bzw. F_1, F_2, F_3, F_4, F_5, F_6 Ereignisse, die jeweils im Erreichen einer 1, 2, 3, 4, 5, 6 bestehen.

Die Wahrscheinlichkeit, mit beiden Würfeln jeweils eine 6 zu erreichen, ist

$P(E_6 \cap F_6) = P(E_6) \cdot P(F_6) = \frac{1}{6} \cdot \frac{1}{6} = \frac{1}{36}$

3 Beschreibende Statistik

3.1 Lage- und Streumaße in der Statistik

Lagemaße

Modalwert
Der Modalwert ist das Ergebnis einer Messreihe oder einer Stichprobe, welches am häufigsten auftritt.

Arithmetisches Mittel $\bar{x}$ oder m (Mittelwert; Durchschnitt)
Das arithmetische Mittel (der Mittelwert, der Durchschnitt) errechnet sich aus der Summe aller Werte, dividiert durch die Anzahl der Werte.

$\bar{x} = \frac{x_1 + x_2 + \ldots + x_n}{n}$ $\quad$ n Anzahl der Werte (Umfang der Stichprobe)

Zentralwert z (Median)
Ordnet man alle Ergebnisse einer Messreihe ihrer Größe nach, so ist der Wert in der Mitte aller Ergebnisse der Zentralwert.
(Bei geraden Anzahlen von Ergebnissen nimmt man die beiden Werte in der Mitte, addiert sie und dividiert sie dann durch 2.)

Ergebnisse: 2 4 5 7 8 9 12 17
Zentralwert: (7 + 8) : 2 = 7,5

Streumaße

Spannweite *R* (Streu- oder Variationsbreite)

Die Spannweite (auch Streubreite oder Variationsbreite) ist die Differenz zwischen dem größten und dem kleinsten Ergebnis einer Stichprobe.

$$R = x_{\text{Max}} - x_{\text{Min}}$$

Mittlere Abweichung *a* von $\bar{x}$

Die mittlere Abweichung ist die Summe der Beträge aller Differenzen zwischen den einzelnen Ergebnissen und dem Mittelwert, dividiert durch die Anzahl aller Ergebnisse.

$$a = \frac{|x_1 - \bar{x}| + |x_2 - \bar{x}| + \ldots + |x_n - \bar{x}|}{n}$$

Varianz s^2

Die Varianz ist ein Streumaß, zu dessen Berechnung jeweils die Differenzen zwischen den einzelnen Ergebnissen und dem Mittelwert quadriert werden.
Diese Quadrate werden anschließend aufsummiert und durch $(n-1)$ dividiert.

$$s^2 = \frac{(x_1 - \bar{x})^2 + (x_2 - \bar{x})^2 + \ldots + (x_n - \bar{x})^2}{n-1}$$

(bei *Stichproben* vom Umfang *n* aus einer Grundgesamtheit)

Für die Varianz von *Grundgesamtheiten* vom Umfang N gilt:

$$\sigma^2 = \frac{(x_1 - \bar{x})^2 + (x_2 - \bar{x})^2 + \ldots + (x_n - \bar{x})^2}{N}.$$

Standardabweichung *s*

Die Standardabweichung *s* ist die Wurzel aus der Varianz.

$$\text{Standardabweichung} = \sqrt{\text{Varianz}}$$

3.2 Darstellungsarten in der Statistik

Darstellungsarten statistischer Größen

Strichliste

Eine Strichliste wird häufig beim Erfassen der Daten angelegt.

1: 𝍸 2: 𝍸 𝍸 |||| 3: || 4: 𝍸 ||| 5: 𝍸 𝍸 6: ||||

Stamm-Blätter-Diagramm (Stängel-Blatt-Diagramm)

Bei einem Stamm-Blätter-Diagramm (Stängel-Blatt-Diagramm) werden die Daten vorsortiert und aufgespalten in einen „Stamm" (linker Teil) und ein „Blatt" (rechter Teil).

Daten: 19 26 37 35 22 18 17 28 20 33 34 12 28 17 32 16

1	9 8 7 2 7 6
2	6 2 8 0 8
3	7 5 3 4 2

Darstellungsarten statistischer Größen (Fortsetzung)

Klassenbildung

Klassenbildung ist das Zusammenfassen der Daten in Klassen. Diese Klassen können von unterschiedlicher oder gleicher Größe sein.

Daten: 19 26 37 35 22 18 17 28 20 33 34 12 28 17 32 16

Klasse	absolute Häufigkeit	Klasse	absolute Häufigkeit
6 – 15	1	0 – 15	1
16 – 25	7	16 – 20	5
26 – 35	7	21 – 25	2
36 – 45	1	26 – 99	8

Säulendiagramm (Stabdiagramm)

In einem Säulendiagramm (Stabdiagramm) werden die einzelnen Zahlenangaben als Säulen (oder Stäbe) senkrecht nebeneinander dargestellt und so veranschaulicht. Säulendiagramme können auch räumlich dargestellt werden (3-D-Darstellung).

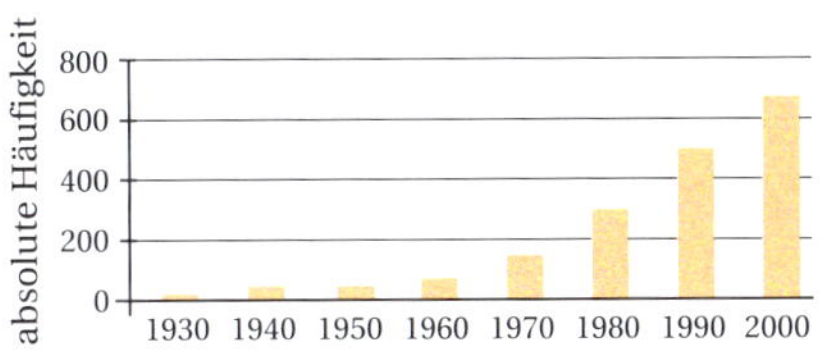

Erkrankungen in Jahr

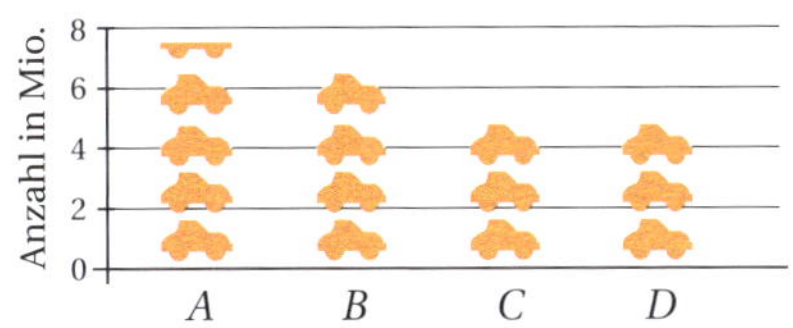

Autoexporte 2004 in Mio. Pkw

(Statt einfacher Rechtecke werden manchmal zur inhaltlichen Veranschaulichung auch aufeinander getürmte Gegenstände als Säulen/Stäbe verwendet.)

Balkendiagramm

In einem Balkendiagramm werden die einzelnen Zahlenangaben als Balken waagerecht untereinander dargestellt und so veranschaulicht. Balkendiagramme können auch räumlich dargestellt werden (3-D-Darstellung).

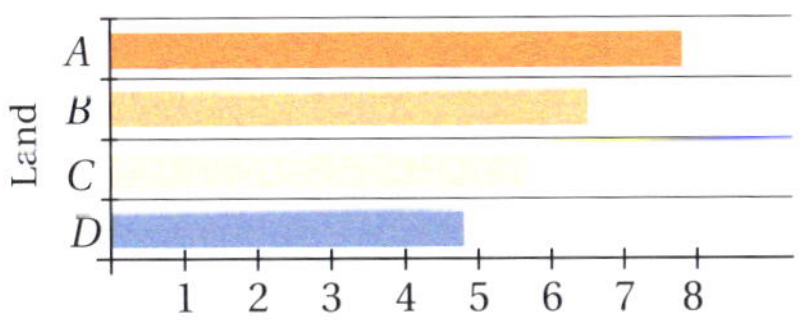

Autoexporte 2004 in Mio. Pkw

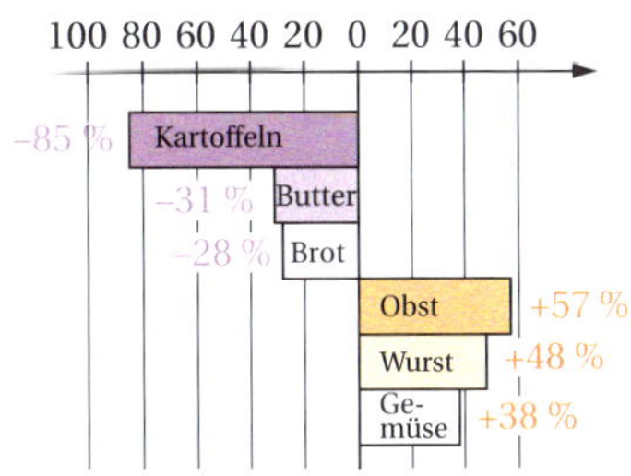

Veränderungen des Nahrungsmittelverbrauchs pro Kopf in zwei aufeinander folgenden Jahrzehnten

Darstellungsarten statistischer Größen (Fortsetzung)

Streifendiagramm (Prozentstreifen)

Streifendiagramme eignen sich zur Darstellung von Größenverhältnissen und Anteilen.

Der gesamte Streifen veranschaulicht 100 %. Für den entsprechenden Anteil gilt:

$$\frac{\text{Prozentzahl} \cdot \text{Streifenlänge}}{100} \mathrel{\widehat{=}} \text{Länge des Rechtecks} \qquad \frac{\text{Rechtecklänge} \cdot 100}{\text{Streifenlänge}} \mathrel{\widehat{=}} \text{Prozentzahl}$$

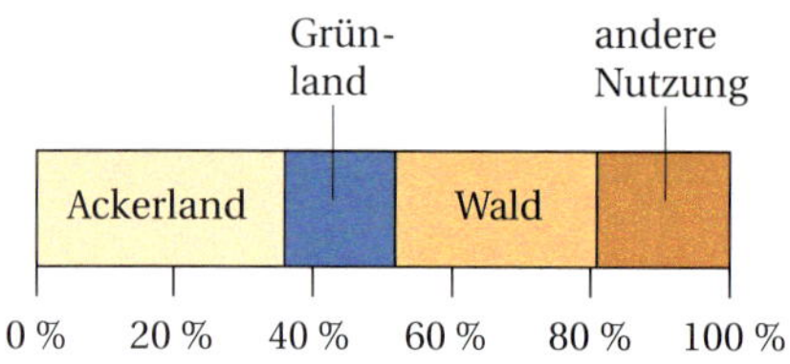

Bodennutzung in einem Land

Wird zur Darstellung z. B. 10 cm = 100 mm Breite als Ganzes (100 %) gewählt, ergibt sich daraus, dass 1 % einer Breite von 1 mm entspricht. Die Höhe des Diagramms spielt dabei keine Rolle.

Kreisdiagramm (Prozentkreis)

Kreisdiagramme eignen sich zur Darstellung von Größenverhältnissen und Anteilen.

$$100\,\% \mathrel{\widehat{=}} 360° \text{ im Kreisdiagramm}$$
$$1\,\% \mathrel{\widehat{=}} 3{,}6°$$
$$\text{Prozentzahl} \cdot 3{,}6 \mathrel{\widehat{=}} \text{Gradzahl des Winkels im Kreisdiagramm}$$

$$\frac{\text{Gradzahl des Winkels}}{3{,}6} \mathrel{\widehat{=}} \text{Anteil in Prozent (Prozentzahl)}$$

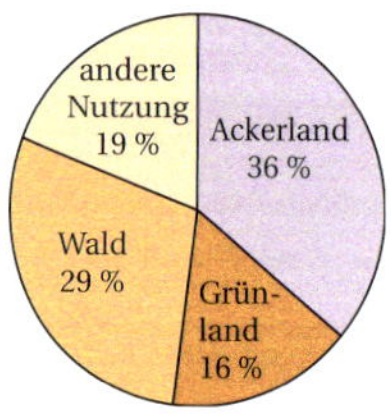

Bodennutzung in einem Land

Als Ganzes (100 %) wird der gesamte Kreis (360°) betrachtet. Anteile vom Ganzen ergeben sich als entsprechende Anteile vom Kreis, z. B.: 50 % $\widehat{=}$ 180°, 25 % $\widehat{=}$ 90°, 20 % $\widehat{=}$ 72°, 10 % $\widehat{=}$ 36°, 1 % $\widehat{=}$ 3,6°

Boxplot

Boxplots eignen sich zur Darstellung der Verteilung von Messwerten.
Dazu werden die Messwerte in aufsteigender Reihenfolge, beginnend mit dem Minimum, bis zum Maximum aufgeführt. Anhand des Boxplots lassen sich der Zentralwert (der Median), der Zentralwert der unteren Hälfte, der Zentralwert der oberen Hälfte und die Spannweite der Messungen ablesen.
Die Box wird aus dem unteren und dem oberen Quartil (Viertelwert) gebildet. Gemeinsam mit dem unteren und dem oberen Whisker wird die Spannweite der Messungen angezeigt.

41	46	47	49	50	52	53	53	56	57	59	59	63	63	66	67	68	74	77	78	80	83	85

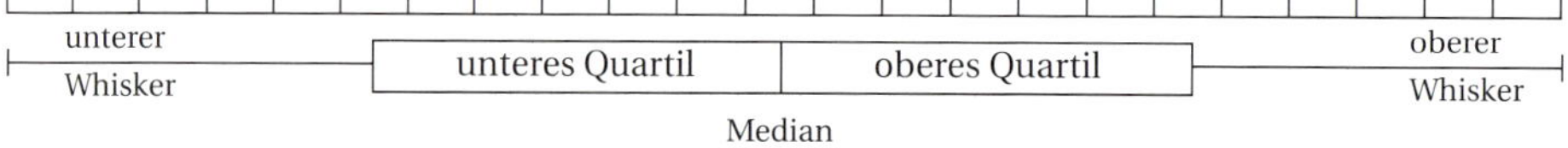

Die Daten entsprechen gemessenen Geschwindigkeiten in km/h. Abgelesen kann z. B. werden, dass die Hälfte der Autofahrer mindestens 52 km/h und höchstens 74 km/h gefahren ist.

WISSENSWERTES

1 Naturkonstanten

BLICKPUNKT

Naturkonstanten
Einige physikalische Größen in der Natur haben einen bestimmten, festen Wert, der im Laufe der Zeit immer genauer bestimmt worden ist. Man nennt solche physikalischen Größen Naturkonstanten. Typische Beispiele für Naturkonstanten sind in der folgenden Tabelle angegeben.

SI-Einheiten
Im Internationalen Einheitensystem (SI) sind Basiseinheiten für sieben physikalische Größen festgelegt. Die meisten anderen Einheiten lassen sich aus diesen sieben Einheiten ableiten. Die Festlegungen über Einheiten sind international vereinbart und werden von der Generalkonferenz für Maß und Gewicht (CGPM) getroffen.

Konstante		Formelzeichen	Wert der Konstanten
absoluter Nullpunkt		T_0	0 K = –273,15 °C
atomare Masseeinheit		u	$1{,}661 \cdot \frac{1}{10^{27}}$ kg
Avogadro-Konstante (Avogadro-Zahl)		N_A	$6{,}022 \cdot 10^{23}\ \frac{1}{\text{mol}}$
Fallbeschleunigung, Ortsfaktor (mittlerer Wert)		g	$9{,}807\ \frac{\text{m}}{\text{s}^2} \approx 9{,}81\ \frac{\text{m}}{\text{s}^2}$
Gravitationskonstante		G, γ	$6{,}673 \cdot \frac{1}{10^{11}}\ \frac{\text{N} \cdot \text{m}^2}{\text{kg}^2}$
Lichtgeschwindigkeit im Vakuum		c	$299\,792{,}458\ \frac{\text{km}}{\text{s}} \approx 300\,000\ \frac{\text{km}}{\text{s}}$
Normdruck (normaler Luftdruck)		p_n	101 325 Pa = 101,325 kPa = 1,013 25 bar
Normtemperatur		T_n, ϑ_n	273,15 K 0 °C
Elektron	Ladung (Elementarladung)	e	$1{,}602 \cdot \frac{1}{10^{19}}$ C
	Ruhemasse	m_e	$9{,}109 \cdot \frac{1}{10^{31}}$ kg
	spezifische Ladung	$\frac{e}{m_e}$	$1{,}759 \cdot 10^{11}\ \frac{\text{C}}{\text{kg}}$
Neutron	Ruhemasse	m_n	$1{,}675 \cdot \frac{1}{10^{27}}$ kg
Proton	Ruhemasse	m_p	$1{,}673 \cdot \frac{1}{10^{27}}$ kg

2 Größen und Einheiten im Überblick

Größe	Formelzeichen	Einheiten (SI-Basiseinheiten sind rot hervorgehoben.)		Beziehungen zwischen den Einheiten	
Aktivität einer radioaktiven Substanz	A	Becquerel	Bq	1 Bq	= 1 Zerfall durch Sekunde
Amplitude	y_{max}	Meter	m	1 m 1 cm	= 0,001 km = 0,01 m
Arbeit	W	Joule	J	1 J	$= 1\ \frac{kg \cdot m^2}{s^2}$
		Newtonmeter	Nm		= 1 Nm
mechanische		Wattsekunde	Ws		= 1 Ws
elektrische		Kilowattstunde	kWh	1 kWh	= 3 600 000 Ws
Atommasse, relative	A_r		1		
Auslenkung	y	Meter	m	1 m 1 cm	= 0,001 km = 0,01 m
Beschleunigung	a, g	Meter durch Quadratsekunde	$\frac{m}{s^2}$	$1\ \frac{m}{s^2}$	$= 1\ \frac{N}{kg}$
Brennweite	f	Meter	m	1 m 1 cm	= 0,001 km = 0,01 m
Dichte	ρ	Gramm durch Kubikzentimeter	$\frac{g}{cm^3}$	$1\ \frac{g}{cm^3}$	$= 1\,000\ \frac{kg}{m^3}$
		Kilogramm durch Kubikmeter	$\frac{kg}{m^3}$	$1\ \frac{kg}{m^3}$	$= \frac{1}{1000}\ \frac{g}{cm^3}$
Drehmoment	M	Newtonmeter	Nm	1 Nm	$= 1\ \frac{kg \cdot m^2}{s^2}$
Drehzahl	n	durch Sekunde	$\frac{1}{s}$	$1\ \frac{1}{s}$	$= 60\ \frac{1}{min}$
Druck	p	Pascal	Pa	1 Pa	$= 1\ \frac{N}{m^2}$
		Bar	bar	1 bar	= 100 000 Pa
Energie	E	Joule	J	1 J	$= 1\ \frac{kg \cdot m^2}{s^2}$
		Newtonmeter	Nm		= 1 Nm
		Wattsekunde	Ws		= 1 Ws
		Steinkohleneinheit	SKE	1 kg SKE	= 29,3 MJ

Größe	Formelzeichen	Einheiten (SI-Basiseinheiten sind rot hervorgehoben.)		Beziehungen zwischen den Einheiten	
Fallbeschleunigung, Ortsfaktor	g	Meter durch Quadratsekunde	$\frac{m}{s^2}$	$1\ \frac{m}{s^2}$	$= 1\ \frac{N}{kg}$
Fläche	A	Quadratmeter	m^2	$1\ m^2$ $1\ dm^2$	$= 0{,}01$ a $= 0{,}01\ m^2$
Frequenz	f	Hertz	Hz	1 Hz	$= \frac{1}{s}$
Geschwindigkeit	v, c	Meter durch Sekunde Kilometer durch Stunde	$\frac{m}{s}$ $\frac{km}{h}$	$1\ \frac{m}{s}$ $1\ \frac{km}{h}$	$= 3{,}6\ \frac{km}{h}$ $= \frac{1}{3,6}\ \frac{m}{s} \approx 0{,}28\ \frac{m}{s}$
Halbwertszeit	$T_{1/2}$	Sekunde	s	1 s 1 min	$\approx 0{,}0167$ min $\approx 0{,}0167$ h
Heizwert	H	Megajoule durch Kilogramm	$\frac{MJ}{kg}$	$1\ \frac{MJ}{kg}$	$= 1\,000\,000\ \frac{J}{kg}$
Höhe	h	Meter	m	1 m 1 cm	$= 0{,}001$ km $= 0{,}01$ m
Kraft Gewichtskraft Reibungskraft Auftriebskraft	F F_G F_R F_A	Newton	N	1 N	$= 1\ \frac{kg \cdot m}{s^2}$ $= 1\ \frac{J}{m}$
Ladung, elektrische	Q	Coulomb	C	1 C	= 1 As
Länge	l	Meter	m	1 m 1 cm	$= 0{,}001$ km $= 0{,}01$ m
Längenausdehnungskoeffizient	α	durch Kelvin	$\frac{1}{K}$		
Lautstärke (Lautstärkepegel)	L_N	Phon Dezibel	phon dB	1 phon	= 1 dB für 1 kHz
Leistung	P	Watt	W	1 W	$= 1\ \frac{J}{s}$ $= 1\ V \cdot A$ $= 1\ \frac{kg \cdot m^2}{s^3}$ $= 1\ \frac{Nm}{s}$

Größe	Formelzeichen	Einheiten (SI-Basiseinheiten sind rot hervorgehoben.)		Beziehungen zwischen den Einheiten	
Masse	m	Kilogramm Tonne	kg t	1 kg 1 t	= 1 000 g = 1 000 kg
Reibungszahl	μ		1		
Schwingungsdauer, Periodendauer	T	Sekunde	s	1s 1 min	≈ 0,0167 min ≈ 0,0167 h
Spannung, elektrische	U	Volt	V		
spezifischer elektrischer Widerstand	ρ	Ohm mal Quadratmillimeter durch Meter	$\frac{\Omega \cdot mm^2}{m}$	$1\ \frac{\Omega \cdot mm^2}{m}$	$= \frac{1}{1\,000\,000}\ \Omega \cdot m$
spezifische Wärmekapazität	c	Joule durch Kilogramm mal Kelvin	$\frac{J}{kg \cdot K}$	$1\ \frac{J}{kg \cdot K}$	$= 1\ \frac{Ws}{kg \cdot K}$
Stromstärke, elektrische	I	Ampere	A	1 A	$= 1\ \frac{C}{s}$
Temperatur	T ϑ	Kelvin Grad Celsius	K °C	0 K 0 °C	= −273,15 °C = 273,15 K
Volumen	V	Kubikmeter	m^3	1 dm^3 1 dm^3	= 0,001 m^3 = 1 Liter
Warme	Q	Joule	J	1 J	= 1 Nm $= 1\ \frac{kg \cdot m}{s^2}$ = 1 Ws
Weg	s	Meter	m	1 m 1 cm	= 0,001 km = 0,01 m
Wellenlänge	λ	Meter	m	1 m 1 cm	= 0,001 km = 0,01 m
Widerstand, elektrischer	R	Ohm	Ω	1 Ω	$= 1\ \frac{V}{A}$
Wirkungsgrad	η		1 oder in %		
Zeit	t	Sekunde	s	1 s 1 min	≈ 0,0167 min ≈ 0,0167 h

3 Umrechnungen zwischen Einheiten

Einheiten der Arbeit, Energie, Wärme

	Umrechnungsfaktor in J, Ws, Nm	kWh	kcal	kg SKE
1 Joule (1 J) 1 Wattsekunde (1 Ws) 1 Newtonmeter (1 Nm)	1	0,000 000 277 8	0,000 238 8	0,000 000 034 1
1 Kilowattstunde (1 kWh)	3 600 000	1	860	0,123
1 Kilokalorie (1 kcal)	4 190	0,001 16	1	0,000 143
1 kg Steinkohleneinheit (1 kg SKE)	29 300 000	8,14	7 000	1

Einheiten der Leistung

	Umrechnungsfaktor in W, $\frac{J}{s}$, $\frac{Nm}{s}$	kW	$\frac{kcal}{h}$	PS
1 Watt (1 W) 1 Joule je Sekunde (1 $\frac{J}{s}$) 1 Newtonmeter durch Sekunde (1 $\frac{Nm}{s}$)	1	0,001	0,86	0,001 36
1 Kilowatt (1 kW)	1 000	1	860	1,36
1 Kilokalorie durch Stunde (1 $\frac{kcal}{h}$)	1,16	0,001 16	1	0,001 58
1 Pferdestärke (1 PS)	736	0,736	632	1

Einheiten des Drucks

	Umrechnungsfaktor in Pa	bar	at	Torr
1 Pascal (1 Pa)	1	0,000 01	0,000 010 2	0,007 5
1 Bar (1 bar)	100 000	1	1,02	750
1 Atmosphäre (1 at)	98 100	0,981	1	736
1 mm Quecksilbersäule (1 Torr)	133,32	0,001 33	0,001 36	1

4 Technisches Zeichnen

Standardisierte Maßstäbe (Auswahl)

Vergrößerung		Natur	Verkleinerung	
500 : 1	200 : 1	1 : 1	1 : 2	1 : 5
100 : 1	50 : 1		1 : 10	1 : 30
20 : 1	10 : 1		1 : 50	1 : 100
5 : 1	2 : 1		1 : 200	1 : 500

Linienarten	Bezeichnung	Liniengruppe (Linienbreite in mm) I	II	III	IV
	breite Volllinie	0,5	0,7	1,0	1,4
	Verwendung: Begrenzung von Schnittflächen				
	schmale Volllinie	0,265	0,35	0,5	0,7
	Verwendung: Sichtbare Kanten und Umrisse				
	feine Volllinie	0,18	0,25	0,35	0,5
	Verwendung: Maßlinien, Maßhilfslinien, Hinweislinien, Bezugslinien, Schraffurlinien				
	schmale Strichlinie	0,25	0,35	0,5	0,5
	Verwendung: Verdeckte Kanten und Umrisse				
	breite Strichpunktlinie	0,5	0,7	1,0	1,4
	Verwendung: Kennzeichnung des Schnittverlaufs				
	feine Strichpunktlinie	0,18	0,25	0,35	0,5
	Verwendung: Mittellinien, Adern				
	Punktlinie	0,25	0,35	0,5	0,7
	Verwendung: Bauteile vor oder über der Schnittebene				
	Freihandlinie				
	Verwendung: Bruchlinien, Skizzierlinien				

Perspektivische Darstellung von Körpern

isometrische Projektion (Isometrie)	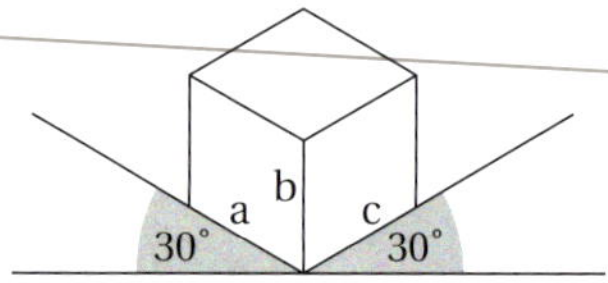	a : b : c = 1 : 1 : 1
dimetrische Projektion (Dimetrie)	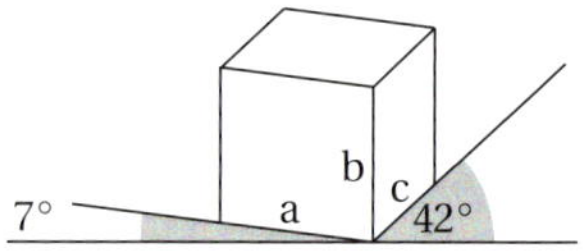	a : b : c = $1 : 1 : \frac{1}{2}$
frontal-dimetrische Projektion (Kavalierperspektive)	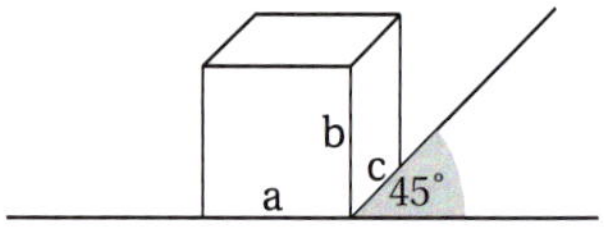	a : b : c = $1 : 1 : \frac{1}{2}$

Elemente der Maßeintragung

Maßhilfslinie, Maßlinie, Maßlinienbegrenzung, Maßzahl

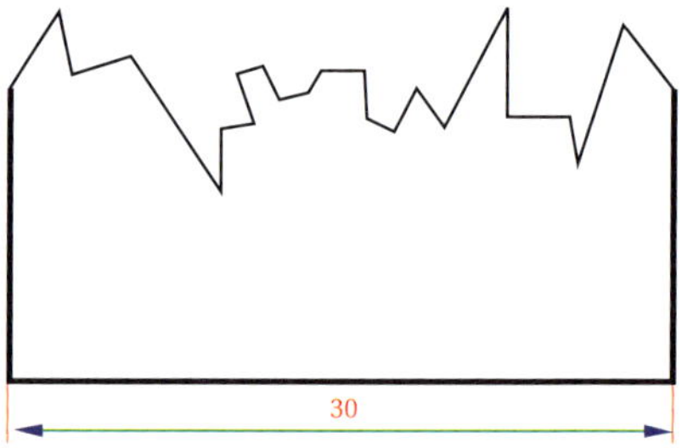

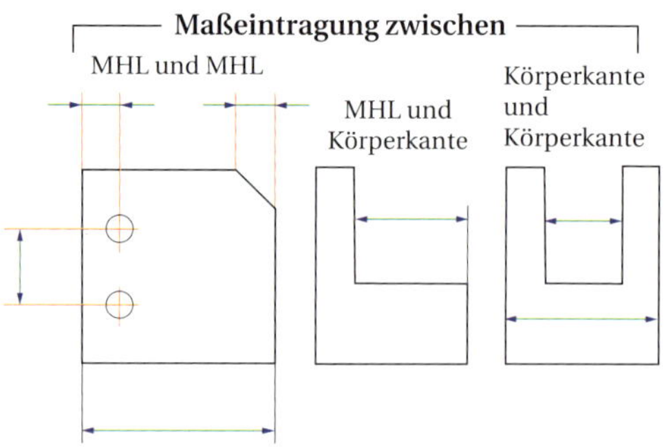

Zeichensatz Normschrift

ÄBCDEFGHIJKLMNÖPQRST

ÜVWXYZ 1234567890 IVX

äbcdefghijklmnöpqrstüvw

xyz [(!?:;"-=+×·:√%□&)]Ø

5 Maschinentechnik

Bezeichnung		Formel
Übersetzungsverhältnis	i	$i = \frac{n_1}{n_2}$
Zahnradgetriebe		$i = \frac{z_2}{z_1}$
Reibradgetriebe		$i = \frac{d_2}{d_1}$
Gesamtübersetzung	i_{ges}	$i_{ges} = i_1 \cdot i_2 \cdot \ldots \cdot i_n$

n_1 Drehzahl des antreibenden Rades
n_2 Drehzahl des angetriebenen Rades
z_1 Zähnezahl des antreibenden Rades
z_2 Zähnezahl des angetriebenen Rades
d_1 Durchmesser des antreibenden Rades
d_2 Durchmesser des angetriebenen Rades

6 Schaltzeichen

Bauteil	Schaltzeichen	Bauteil	Schaltzeichen
galvanische Spannungsquelle (Batterie)	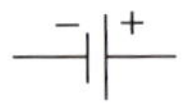	Spannungsquelle	
Gleichspannung Wechselspannung		Drehstromnetz	
Leitung		Kreuzung von Leitungen ohne Verbindung	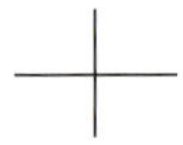
Leitungsverzweigung: fest, lösbar	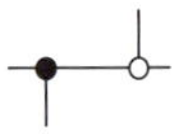	Verbindung mit Masse	
Antenne		Verbindung mit Erde	
Schutzerdung		Schutzisolierung	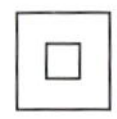
Sicherung	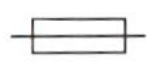	Hörer	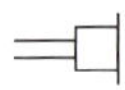
Lautsprecher	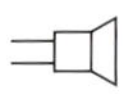	Klingel	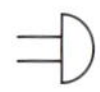
Stecker Buchse	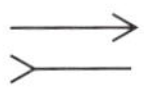	Schalter als Schließer Öffner	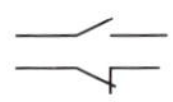
Taster als Schließer Öffner	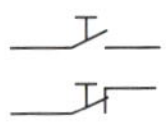	Glühlampe	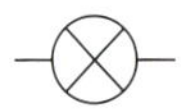
Glimmlampe	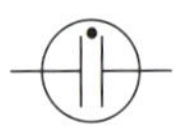	Spule	
Spule mit Eisenkern		Transformator	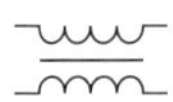
Dauermagnet		Widerstand	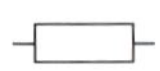
stellbarer Widerstand		NTC-Widerstand (Heißleiter)	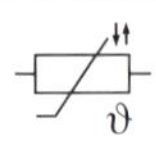
PTC-Widerstand (Kaltleiter)	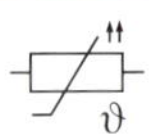	Generator	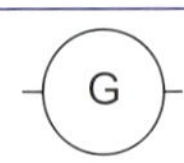
Wechselstrom-generator	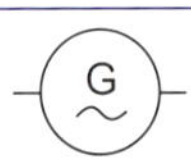	Motor	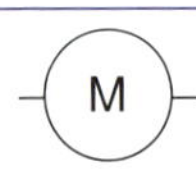
Fotowiderstand	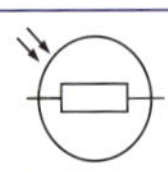	Kondensator	

Bauteil	Schaltzeichen	Bauteil	Schaltzeichen
Elektrolyt-kondensator		Drehkondensator	
Diode	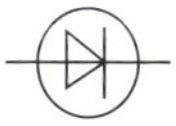	LED	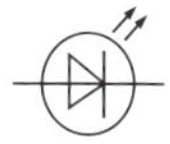
Fotoelement	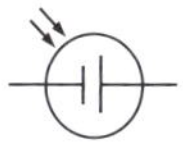	npn-Transistor	
pnp-Transistor		Spannungsmessgerät (Voltmeter)	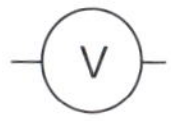
Stromstärkemessgerät (Amperemeter)	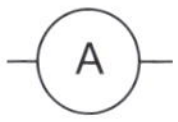	Mikrofon	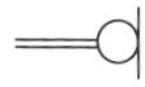
Wechselstrommotor		Handantrieb	
Nockenantrieb		Kraftantrieb	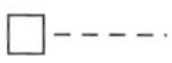

7 Technische Realisierung logischer Verknüpfungen

Bestandteile und Bedeutung der Symbole (logische Operatoren):

E, E_1, E_2	Eingänge	0	falsch; keine Spannung vorhanden; Strom fließt nicht; low $A \cong 0$ Volt
A	Ausgang	1	wahr; Spannung vorhanden; Strom fließt; high $A \cong 5$ Volt

Die Verknüpfung steht jeweils in der hellblauen Zeile.

Elektrische Schaltungen | **Symbol nach DIN 40900** | **Funktionstabelle**

Buffer (Zwischenspeicher, Identität)

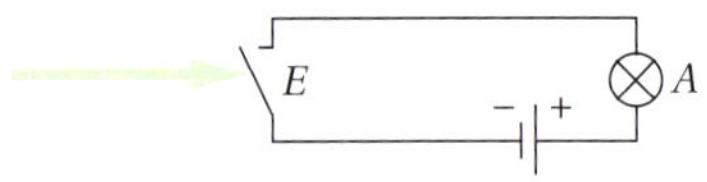

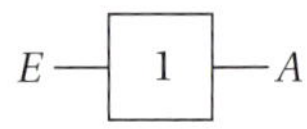

E	A
0	0
1	1

NOT (NICHT, Negator, Negation)

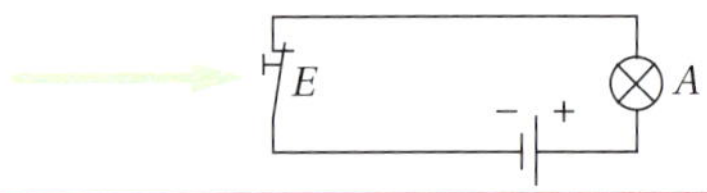

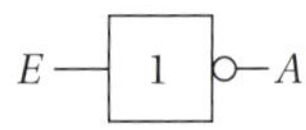

E	A
0	1
1	0

AND (UND, Konjunktion)

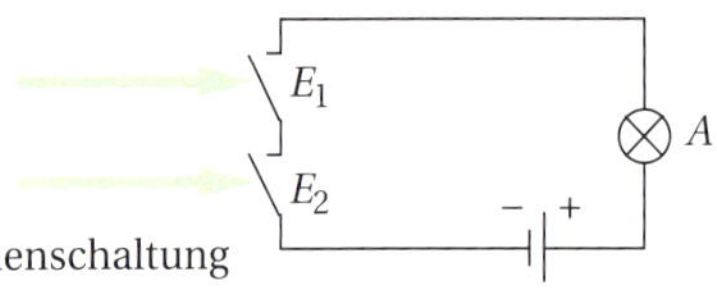

Reihenschaltung

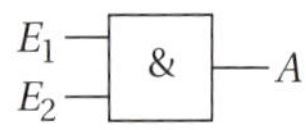

E_1	E_2	A
0	0	0
0	1	0
1	0	0
1	1	1

NAND (UND–NICHT)

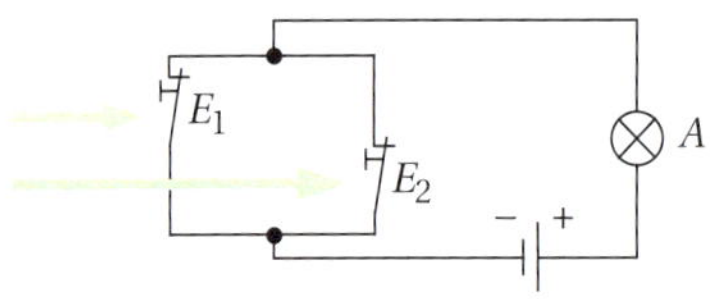

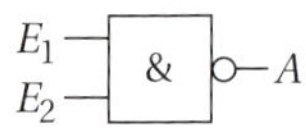

E_1	E_2	A
0	0	1
0	1	1
1	0	1
1	1	0

OR (ODER, Disjunktion)

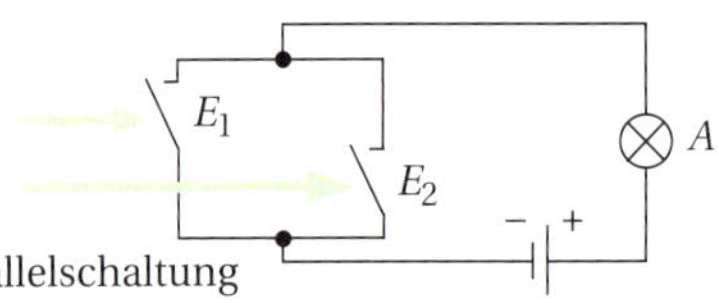

Parallelschaltung

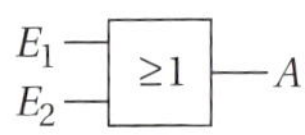

E_1	E_2	A
0	0	0
0	1	1
1	0	1
1	1	1

NOR (ODER–NICHT)

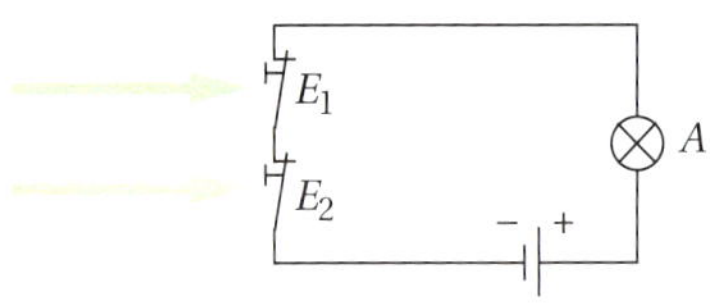

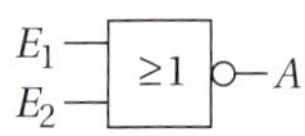

E_1	E_2	A
0	0	1
0	1	0
1	0	0
1	1	0

Elektrische Schaltungen	Symbol nach DIN 40900	Funktionstabelle

EXOR (Exklusiv-ODER, ENTWEDER–ODER, ausschließendes ODER, Alternative)

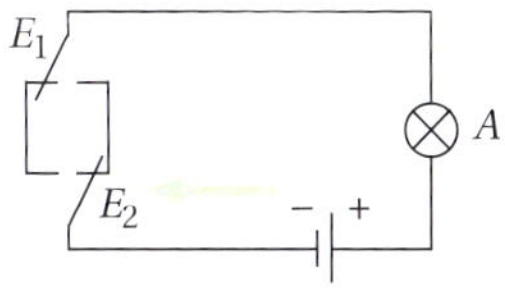

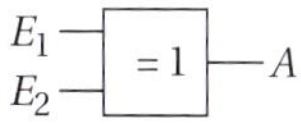

E_1	E_2	A
0	0	0
0	1	1
1	0	1
1	1	0

Die Struktur ({0, 1}, AND, OR, NOT) ist eine **boolesche Algebra.** In ihr gelten u. a. die Kommutativgesetze, Assoziativgesetze, Distributivgesetze und morganschen Gesetze für das Rechnen mit Mengen.

Morgansche Gesetze

$A \cup B = \overline{\overline{A} \cap \overline{B}}$

$A \cap B = \overline{\overline{A} \cup \overline{B}}$

oder:

$E_1 \vee E_2 = \overline{\overline{E_1} \wedge \overline{E_2}}$

bzw. $\overline{\overline{E_1} \vee \overline{E_2}} = \overline{E_1} \wedge \overline{E_2}$

und

$E_1 \wedge E_2 = \overline{\overline{E_1} \vee \overline{E_2}}$

bzw. $\overline{\overline{E_1} \wedge \overline{E_2}} = \overline{E_1} \vee \overline{E_2}$

Logische Operatoren

Operator	Schreibweise	Beispiel
Negation/ Verneinung	$\neg A$	A: 2 ist eine Primzahl. A: 2 ist keine Primzahl.
UND-Verknüpfung Konjunktion	$A \wedge B$	A: 6 ist eine gerade Zahl. B: 6 ist kleiner als 10.
ODER-Verknüpfung Disjunktion	$A \vee B$	A: 7 ist kleiner als 8. B: 7 ist kleiner als 3.
ENTWEDER-ODER-Verknüpf. Alternative	$A \dot{\vee} B$	A: 15 ist durch 3 teilbar. B: 15 ist durch 4 teilbar.
WENN-DANN-Verknüpfung Implikation	$A \Rightarrow B$	A: 81 ist durch 9 teilbar. B: 81 ist durch 3 teilbar.
GENAU-DANN-WENN- Verknüpfung	$A \Leftrightarrow B$	A: Eine Zahl ist gerade. B: Sie ist durch 2 teilbar.

Bemerkung: Die Kombination aus wahren oder falschen Aussagen führt zu unterschiedlichen Wahrheitswerten der logischen Verknüpfungen. So ist die UND-Verknüpfung nur dann wahr, wenn beide Aussagen A und B wahr sind.
Für alle Verknüpfung lassen sich Wahrheitswerttabellen aufstellen.

8 Datendarstellung

Dualsystem (auch: Zweiersystem, dyadisches System, binäres System)

Grundziffern	0, I
Stellenwert	Potenzen von 2
Kennzeichnung	b (wie binär)
Darstellungsform	$b_m b_{m-1} \dots b_0, b_{-1}\, b_{-2} \dots b_{-n} = \sum_{i=-n}^{m} b_i \cdot 2^i$ $(m, n \in \mathbb{N};\ b_i \in \{0; 1\})$ Beispiel: $\mathrm{I0I0I,\ II\,b} = 1 \cdot 2^4 + 0 \cdot 2^3 + 1 \cdot 2^2 + 0 \cdot 2^1 + 1 \cdot 2^0 + 1 \cdot 2^{-1} + 1 \cdot 2^{-2}$ $= 16 + 0 + 4 + 0 + 1 + 0{,}5 + 0{,}25$ $= 21{,}75$

Addition

Grundaufgaben:
$0 + 0 = 0$
$0 + \mathrm{I} = \mathrm{I} + 0 = \mathrm{I}$
$\mathrm{I} + \mathrm{I} = \mathrm{I}0$

```
  I I I I b        15
+I 0 0 I I b      +19
I 0 0 0 I 0 b      34
```

Komplementdarstellung (für negative ganze Zahlen)

$-Z = \neg Z + 1$ — Z positive Dualzahl; $\neg$ bitweise Negation

($-Z$ wird als Differenz $2^n - Z$ dargestellt)

Beispiel:
$Z = 55 = 00\mathrm{II}0\mathrm{III}\,b$ ($n = 8$)
$\neg Z = \mathrm{II}00\mathrm{I}000\,b$
$-Z = \neg Z + 1 = \mathrm{II}00\mathrm{I}00\mathrm{I}\,b = 201 = 2^8 - 55$

Subtraktion

entspricht der Addition des Komplements; der Übertrag der ersten Ziffer wird gestrichen

Beispiel:

```
 85     0I0I0I0I b          I0I0I0I b
-55    -00II0III b =      + II00I00I b
 30                         000IIII0 b
```

Multiplikation

Grundaufgaben:
$0 \cdot 0 = 0$
$0 \cdot \mathrm{I} = \mathrm{I} \cdot 0 = 0$
$\mathrm{I} \cdot \mathrm{I} = \mathrm{I}$

Beispiel:

```
I0II0 · II      22 · 3
  I0II0           66
   I0II0
I00000I0
```

Einheiten der Datendarstellung im Dualsystem

Bit	kleinste Einheit der Datendarstellung; kann zwei mögliche Werte annehmen (0/I, O/L, falsch/wahr, nein/ja, Schalter geöffnet/Schalter geschlossen, Strom fließt nicht/Strom fließt; in der Technik auch L/H)

Einheiten der Datendarstellung im Dualsystem

Byte	Zusammenfassung von 8 Bit zu einem Zeichen; dadurch sind $2^8 = 256$ verschiedene Zeichen darstellbar. Jedes Byte kann in zwei Tetraden zerlegt werden, die jeweils durch eine Hexadezimalziffer codiert werden können. *Beispiel:* 26 = 0 0 0 I | I 0 I 0 b = 1A Maßeinheit der Speicherkapazität: 1 KByte = 2^{10} Byte = 1 024 Byte 1 MByte = 2^{20} Byte = 1 048 576 Byte 1 GByte = 2^{30} Byte = 1 073 741 824 Byte (Zeichen)
Word	Bitfolge der Länge 16; kann 16-stellige Dualzahlen codieren, nämlich die Zahlen von 0 = 0000000000000000 b bis 65 535 = IIIIIIIIIIIIIIII b oder die Zahlen von -2^{15} bis $2^{15}-1$.

Hexadezimalsystem

- **Grundziffern**: 0, 1, 2, 3, 4, 5, 6, 7, 8, 9, A, B, C, D, E, F
- **Stellenwert**: Potenzen von 16
- **Kennzeichnung**: h (wie hexadezimal)
- **Darstellungsform**:

$$h_m h_{m-1} \ldots h_0, h_{-1} h_{-2} \ldots h_{-n} = \sum_{i=-n}^{m} h_i \cdot 16^i$$

$(m, n \in \mathbb{N};\ h \in \{0; 1; \ldots; 9; A; B; \ldots; F\})$

Beispiel:

$$\begin{aligned} 14E{,}2\,h &= 1 \cdot 16^2 + 4 \cdot 16^1 + 14 \cdot 16^0 + 2 \cdot 16^{-1} \\ &= 256 + 64 + 14 + 0{,}125 \\ &= 334{,}125 \end{aligned}$$

Vergleich: Dezimalzahlen (z), Dualzahlen (Bitmuster, b), Hexadezimalzahlen (h)

z	b	h	z	b	h
0	00000000	00	18	00010010	12
1	00000001	01	19	00010011	13
2	00000010	02	20	00010100	14
3	00000011	03	21	00010101	15
4	00000100	04	22	00010110	16
5	00000101	05	23	00010111	17
6	00000110	06	24	00011000	18
7	00000111	07	25	00011001	19
8	00001000	08	26	00011010	1A
9	00001001	09	27	00011011	1B
10	00001010	0A	28	00011100	1C
11	00001011	0B	55	00110111	37
12	00001100	0C	85	01010101	55
13	00001101	0D	99	01100011	63
14	00001110	0E	100	01100100	64
15	00001111	0F	127	01111111	7F
16	00010000	10	128	10000000	80
17	00010001	11	255	11111111	FF

9 ASCII-Zeichen

ASCII **A**merican **S**tandard **C**ode for **I**nformation **I**nterchange

dez dezimaler Wert

DOS Die Zeichen erhält man unter DOS folgendermaßen: ALT-Taste gedrückt halten und auf dem Ziffernblock der Tastatur den Dezimalwert eingeben, der dem gewünschten Zeichen entspricht (Code-Tabelle 850).

Win Die Zeichen erhält man unter Windows folgendermaßen: ALT-Taste gedrückt halten sowie auf dem Ziffernblock der Tastatur 0 und den Dezimalwert eingeben, der dem gewünschten Zeichen entspricht.

ASCII-Tabelle

dez	DOS	Win	dez	DOS	Win	dez	DOS	Win	dez	DOS	Win
			60	<	<	90	Z	Z	120	x	x
			61	=	=	91	[	[	121	y	y
32			62	>	>	92	\	\	122	z	z
33	!	!	63	?	?	93	]	]	123	{	{
34	"	"	64	@	@	94	^	^	124	¦	|
35	#	#	65	A	A	95	_	_	125	}	}
36	$	$	66	B	B	96	`	`	126	~	~
37	%	%	67	C	C	97	a	a	127		
38	&	&	68	D	D	98	b	b	128	Ç	€
39	'	'	69	E	E	99	c	c	129	ü	
40	(	(	70	F	F	100	d	d	130	é	‚
41	)	)	71	G	G	101	e	e	131	â	ƒ
42	*	*	72	H	H	102	f	f	132	ä	„
43	+	+	73	I	I	103	g	g	133	à	…
44	,	,	74	J	J	104	h	h	134	å	†
45	-	-	75	K	K	105	i	i	135	ç	‡
46	.	.	76	L	L	106	j	j	136	ê	ˆ
47	/	/	77	M	M	107	k	k	137	ë	‰
48	0	0	78	N	N	108	l	l	138	è	Š
49	1	1	79	O	O	109	m	m	139	ï	‹
50	2	2	80	P	P	110	n	n	140	î	Œ
51	3	3	81	Q	Q	111	o	o	141	ì	
52	4	4	82	R	R	112	p	p	142	Ä	Ž
53	5	5	83	S	S	113	q	q	143	Å	
54	6	6	84	T	T	114	r	r	144	É	
55	7	7	85	U	U	115	s	s	145	æ	‘
56	8	8	86	V	V	116	t	t	146	Æ	’
57	9	9	87	W	W	117	u	u	147	ô	“
58	:	:	88	X	X	118	v	v	148	ö	”
59	;	;	89	Y	Y	119	w	w	149	ò	•

Die ersten 32 Zeichen (0 bis 31) sind im Allgemeinen für die Steuerung reserviert. Das Zeichen mit dem dezimalen Wert 32 ist das Leerzeichen. Manche Zeichen unter Windows (z. B. €) erhält man nur, wenn Standard-TrueType-Schriften (Arial statt Helvetica, Times New Roman statt Times) eingestellt sind.

ASCII-Tabelle (Fortsetzung)

dez	DOS	Win	dez	DOS	Win	dez	DOS	Win	dez	DOS	Win
150	û	–	180	┤	´	210	Ê	Ò	240	–	ð
151	ù	—	181	Á	µ	211	Ë	Ó	241	±	ñ
152	ÿ	˜	182	Â	¶	212	È	Ô	242	‗	ò
153	Ö	™	183	À	·	213	ı	Õ	243	¾	ó
154	Ü	š	184	©	¸	214	Í	Ö	244	¶	ô
155	ø	›	185	╣	¹	215	Î	¥	245	§	õ
156	£	œ	186	║	°	216	Ï	Ø	246	÷	ö
157	Ø		187	╗	»	217	┘	Ù	247	¸	÷
158	×	ž	188	╝	¼	218	┌	Ú	248	°	ø
159	ƒ	Ÿ	189	¢	½	219	█	Û	249	¨	ù
160	á	˳	190	¥	¾	220	▄	Ü	250	·	ú
161	í	¡	191	┐	¿	221	¦	Ý	251	¹	û
162	ó	¢	192	└	À	222	Ì	Þ	252	³	ü
163	ú	£	193	┴	Á	223	▀	ß	253	²	Ý
164	ñ	¤	194	┬	Â	224	Ó	à	254	■	þ
165	Ñ	¥	195	├	Ã	225	ß	á	255		ÿ
166	ª	¦	196	─	Ä	226	Ô	â			
167	º	§	197	┼	Å	227	Ò	ã			
168	¿	¨	198	ã	Æ	228	õ	ä			
169	®	©	199	Ã	Ç	229	Õ	å			
170	¬	a	200	╚	È	230	µ	æ			
171	½	«	201	╔	É	231	þ	ç			
172	¼	¬	202	╩	Ê	232	Þ	è			
173	¡	-	203	╦	Ë	233	Ú	é			
174	«	®	204	╠	Ì	234	Û	ê			
175	»	¯	205	═	Í	235	Ù	ë			
176	░	°	206	╬	Î	236	ý	ì			
177	▒	±	207	¤	Ï	237	Ý	í			
178	▓	²	208	ð	Đ	238	¯	î			
179	│	³	209	Đ	Ñ	239	´	ï			

10 Alphabete

Telefonalphabet

	Deutsch	International	NATO		Deutsch	International	NATO
A	Anton	Amsterdam	Alpha	Q	Quelle	Quebec	Quebec
B	Berta	Baltimore	Bravo	R	Richard	Roma	Romeo
C	Cäsar	Casablanca	Charlie	S	Siegfried	Santiago	Sierra
D	Dora	Dänemark	Delta	T	Theodor	Tripoli	Tango
E	Emil	Edison	Echo	U	Ulrich	Uppsala	Uniform
F	Friedrich	Florida	Foxtrott	V	Viktor	Valencia	Victor
G	Gustav	Gallipoli	Golf	W	Wilhelm	Washington	Whisky
H	Heinrich	Havanna	Hotel	X	Xanthippe	Xanthippe	X-Ray
I	Ida	Italia	India	Y	Ypsilon	Yokohama	Yankee
J	Julius	Jerusalem	Juliet	Z	Zeppelin	Zürich	Zulu
K	Kaufmann	Kilogramm	Kilo				
L	Ludwig	Liverpool	Lima	Ch	Charlotte		
M	Martha	Madagaskar	Mike	Sch	Schule		
N	Nordpol	New York	November	Ä	Ärger		
O	Otto	Oslo	Oscar	Ö	Ökonom		
P	Paula	Paris	Papa	Ü	Übermut		

Griechisches Alphabet

Α, α	Alpha	Η, η	Eta	Ν, ν	Ny	Τ, τ	Tau
Β, β	Beta	Θ, θ, ϑ	Theta	Ξ, ξ	Xi	Υ, υ	Ypsilon
Γ, γ	Gamma	Ι, ι	Jota	Ο, ο	Omikron	Φ, φ	Phi
Δ, δ	Delta	Κ, κ	Kappa	Π, π	Pi	Χ, χ	Chi
Ε, ε	Epsilon	Λ, λ	Lambda	Ρ, ρ	Rho	Ψ, ψ	Psi
Ζ, ζ	Zeta	Μ, μ	My	Σ, σ, ς	Sigma	Ω, ω	Omega

Morsealphabet

a	·–	i	··	r	·–·	0	–––––
ä	·–·–	j	·–––	s	···	1	·––––
b	–···	k	–·–	t	–	2	··–––
c	–·–·	l	·–··	u	··–	3	···––
ch	––––	m	––	ü	··––	4	····–
d	–··	n	–·	v	···–	5	·····
e	·	o	–––	w	·––	6	–····
f	··–·	ö	–––·	x	–··–	7	––···
g	––·	p	·––·	y	–·––	8	–––··
h	····	q	––·–	z	––··	9	––––·

11 Blindenschrift nach Braille

Erfunden 1825 vom selbst im Alter von 5 Jahren erblindeten Louis Braille.

● erhabene Stelle • Leerstelle

1. Reihe

A	B	C	D	E	F	G	H	I	J

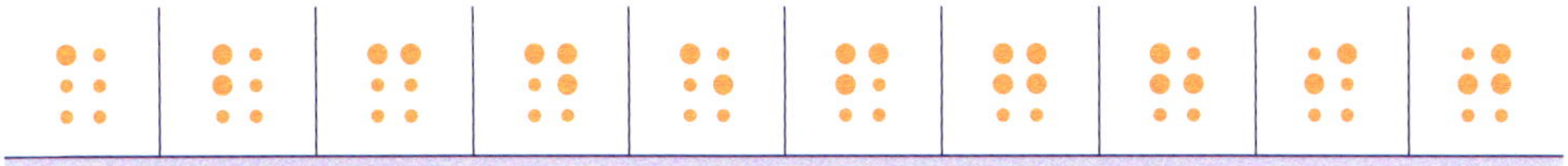

2. Reihe (Den Zeichen der ersten Reihe wird links unten ein Punkt hinzugefügt.)

K	L	M	N	O	P	Q	R	S	T

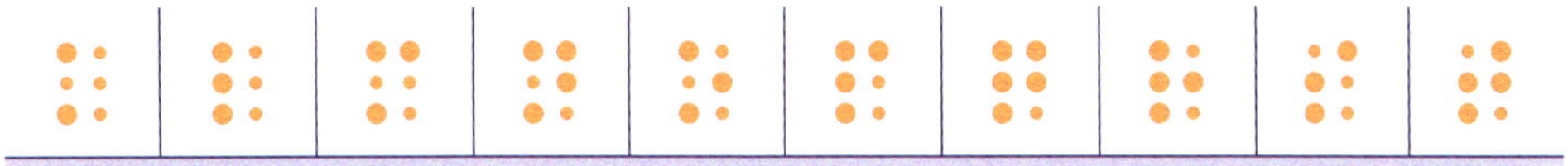

3. Reihe (Den Zeichen der ersten Reihe werden zwei Punkte unten links und unten rechts hinzugefügt.)

U	V	X	Y	Z	Ç	É	À	È	Ù

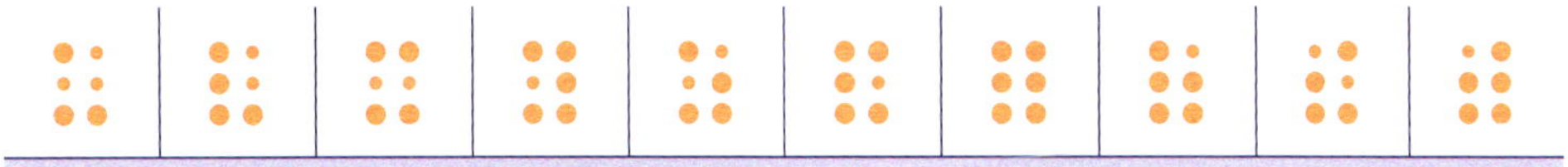

4. Reihe (Den Zeichen der ersten Reihe wird rechts unten ein Punkt hinzugefügt.)

Â	Ê	Î	Ô	Û	Ë	Ï	Ü	OE	W

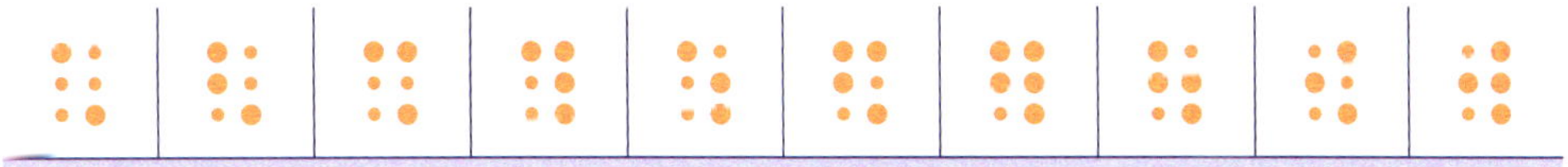

5. Reihe (Die Zeichen der ersten Reihe werden eine Reihe tiefer gestellt.)

,	;	:	.	?	!	( )	«	*	»

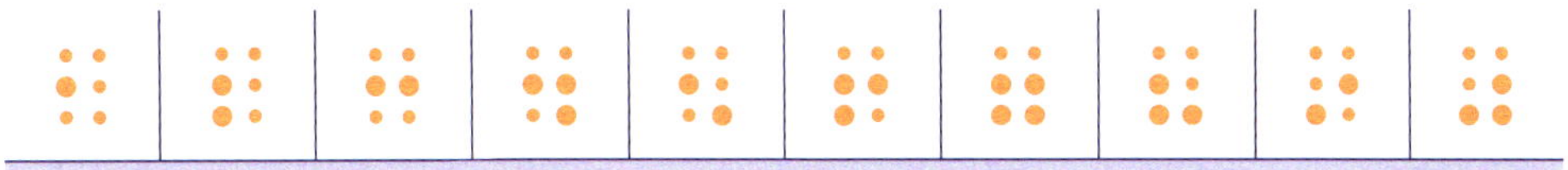

6. Reihe (Vor die Zeichen der ersten Reihe wird das Ziffernzeichen  **gestellt.)**

1	2	3	4	5	6	7	8	9	0

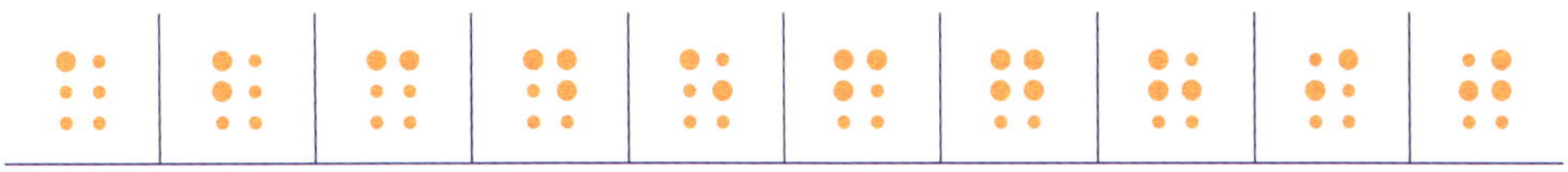

12 Maße im Haushalt

Für Gewichtmengen der nachfolgenden Tabelle müssen Teelöffel, Esslöffel und Tasse randvoll gefüllt und dann glattgestrichen werden.

	1 Teelöffel	1 Esslöffel	1 Tasse
Salz	5 g	20 g	–
Zucker	4 g	13 g	180 g
Mehl	2 g	8 g	110 g
Reis	5 g	18 g	180 g
Grieß	4 g	12 g	140 g
Gräupchen	4 g	15 g	150 g
Haferflocken	2 g	8 g	80 g
Fett	4 g	16 g	–
Flüssigkeit	–	$\frac{1}{16}$ l (4 Essl.) $\frac{1}{8}$ l (8 Essl.)	–

Mengen	
1 Prise	– die Menge, die sich zwischen drei Fingern fassen lässt;
1 Messerspitze	– das Häufchen auf einer Messerspitze;
1 Schuss	– reichlich ein Esslöffel Flüssigkeit;
1 Spritzer	– die Hälfte von einem Schuss.

ANHANG (TAFELN)

Anhang (Tafeln)

Arbeiten mit der Zufallszahlentafel

Zufallszahlen, wie sie auch von modernen Computerprogrammen oder Taschenrechnern erzeugt werden, dienen der Simulation von Zufallsexperimenten. Dabei werden den Ergebnissen entsprechend ihrer Wahrscheinlichkeiten Zufallszahlen zugeordnet.

Simulation der Anzahlen beim Vorgang „Geburt eines Jungen oder eines Mädchens“

Aus der Zufallszahlentafel werden von den Fünferblöcken jeweils die ersten drei Zahlen betrachtet (die 4. und 5. Ziffer im Block werden ignoriert). Da die Wahrscheinlichkeit für eine Jungengeburt 51,3% beträgt, ordnet man den Jungengeburten die Zahlen von 000 bis 512 zu. Mädchengeburten werden die Zahlen von 513 bis 999 zugeordnet.

Liest man in der Zufallszahlentafel ab, so ergibt sich:
857 ≙ Mädchen; 918 ≙ Mädchen; 444 ≙ Junge; 338 ≙ Junge; 572 ≙ Mädchen;
468 ≙ Junge; 533 ≙ Mädchen; 376 ≙ Junge; 126 ≙ Junge; 954 ≙ Mädchen; …

Simulation eines Würfelexperiments

Der Augenzahl des Würfels wird die entsprechende Zahl in der Zufallszahlentafel zugeordnet. Die anderen Zahlen (7; 8; 9; 0) werden „überlesen“, d. h. nicht berücksichtigt.

~~8~~ (überlesen); 5; ~~7~~ (überlesen); 2; 6; ~~9~~ (überlesen); 1; ~~8~~ (überlesen); ~~0~~ (überlesen);
~~0~~ (überlesen); 4; 4; 4; ~~7~~ (überlesen); 3; …

Würfelergebnisse: 5; 2; 6; 1; 4; 4; 4; 3; …

A.1 Zufallszahlen

Zeile	Spalte 1 5	10	15	20	25	30	35	40	45	50
1	85726	91800	44473	33879	57256	46801	53347	37698	95481	12644
2	35912	46575	42941	54192	37830	95715	62985	31590	02567	19904
3	04134	41695	35721	03470	60708	52331	10898	21300	94206	06239
4	82220	11237	73769	67585	44287	56025	26549	91315	81669	94355
5	68829	46548	98821	66722	24972	15233	71988	72666	62473	68093
6	19025	19865	20313	82476	06319	22237	02872	65114	85077	53993
7	27098	09888	30597	64007	33270	64414	64804	78581	75803	85313
8	56284	66881	53574	88019	05709	72679	32558	13717	75297	16816
9	90846	22388	44354	90370	06748	76070	43952	46525	86043	01524
10	23020	04348	77139	06797	44108	40008	54538	04850	07523	61673
11	04627	34374	21201	43753	05541	04825	78748	27691	61094	00198
12	93634	04152	26411	25690	04847	78534	60275	68643	91268	87412
13	19200	48050	24909	03931	93807	17765	14296	62508	05218	35982
14	22464	72223	78999	06665	12706	86874	14068	06078	04530	26157
15	45261	15143	06822	18510	42613	29510	26811	36993	74597	10096
16	70216	04903	28213	80125	93164	05587	79695	26225	41310	82845
17	20870	13685	43172	35426	55698	71768	70874	51039	70668	74234
18	69886	03090	76569	57871	87439	98184	06229	31451	08096	26697
19	74168	98132	28732	63660	27894	32319	10713	91812	39463	56982
20	36894	36342	48744	93995	96596	34495	36994	89219	01259	55064
21	23260	59617	63022	74080	95108	34933	52196	06214	10975	29670
22	64343	14616	03594	09702	03807	40157	83537	69724	91829	70988
23	04424	94082	32978	47746	33136	71409	09923	21982	96334	41724
24	39845	58692	79761	76495	74845	12092	20873	98289	00721	38192
25	93108	00578	35972	93403	87554	02369	74115	73420	34472	59394
26	89669	29464	42532	65301	39359	39458	51789	50130	42290	96642
27	23997	41279	24562	11710	29640	04379	63841	97306	64909	13241
28	39476	21079	14459	91049	53983	25602	97149	64533	90352	81455
29	03519	53995	72206	43881	52634	42270	97538	25077	07566	41970
30	24735	48193	66585	32303	16965	91385	28741	37848	93465	65286
31	00167	37764	32015	03147	63912	12803	40402	21588	39456	65403
32	73042	83143	31337	32808	82335	10952	40636	45527	32840	73629
33	27070	10753	46695	59762	17792	95672	75876	35715	81124	79194
34	61578	07773	65389	16072	28907	09368	15965	09754	08745	37999
35	30396	16365	84603	97726	80936	45989	05114	37591	51351	01490
36	29618	63080	32934	08086	13745	20354	38723	82682	82309	56457
37	36914	29825	26454	07118	95284	70398	12407	45972	56076	06571
38	69431	30297	76317	55804	42881	64313	67350	58767	18576	67406
39	68613	62789	78927	59521	71840	25481	38693	55505	12263	61622
40	21753	93972	87412	85711	50735	91267	35818	18116	78535	31988
41	00317	41878	47085	89943	38567	21965	86926	55571	99779	70815
42	42933	79424	74815	22956	52306	73305	93957	74379	31764	83323
43	07134	62283	04433	25698	31739	82651	56314	84801	42090	05541
44	52468	67807	06633	13877	98757	41847	55383	03598	94072	93837
45	39667	57959	75963	00474	19385	54740	33849	25997	40231	37951
46	97039	94295	05363	53598	07864	71081	03783	36043	02771	12695
47	46512	47320	70780	43351	69028	04943	41430	71492	66699	40622
48	95756	88023	09761	32378	60188	80373	24331	71215	23302	23073
49	13848	82771	88561	42609	33889	23634	02189	56479	13230	40789
50	19593	27258	65564	06480	83381	07755	28926	59720	94190	98928

A.2 Quadratzahlen; Kubikzahlen; Quadratwurzeln; Kubikwurzeln

n	n^2	n^3	$\sqrt{n}$	$\sqrt[3]{n}$
1	1	1	1,0000	1,0000
2	4	8	1,4142	1,2599
3	9	27	1,7321	1,4422
4	16	64	2,0000	1,5874
5	25	125	2,2361	1,7100
6	36	216	2,4495	1,8171
7	49	343	2,6458	1,9129
8	64	512	2,8284	2,0000
9	81	729	3,0000	2,0801
10	100	1000	3,1623	2,1544
11	121	1331	3,3166	2,2240
12	144	1728	3,4641	2,2894
13	169	2197	3,6056	2,3513
14	196	2744	3,7417	2,4101
15	225	3375	3,8730	2,4662
16	256	4096	4,0000	2,5198
17	289	4913	4,1231	2,5713
18	324	5832	4,2426	2,6207
19	361	6859	4,3589	2,6684
20	400	8000	4,4721	2,7144
21	441	9261	4,5826	2,7589
22	484	10648	4,6904	2,8020
23	529	12167	4,7958	2,8439
24	576	13824	4,8990	2,8845
25	625	15625	5,0000	2,9240
26	676	17576	5,0990	2,9625
27	729	19683	5,1962	3,0000
28	784	21952	5,2915	3,0366
29	841	24389	5,3852	3,0723
30	900	27000	5,4772	3,1072
31	961	29791	5,5678	3,1414
32	1024	32768	5,6569	3,1748
33	1089	35937	5,7446	3,2075
34	1156	39304	5,8310	3,2396
35	1225	42875	5,9161	3,2711
36	1296	46656	6,0000	3,3019
37	1369	50653	6,0828	3,3322
38	1444	54872	6,1644	3,3620
39	1521	59319	6,2450	3,3912
40	1600	64000	6,3246	3,4200
41	1681	68921	6,4031	3,4482
42	1764	74088	6,4807	3,4760
43	1849	79507	6,5574	3,5034
44	1936	85184	6,6332	3,5303
45	2025	91125	6,7082	3,5569
46	2116	97336	6,7823	3,5830
47	2209	103823	6,8557	3,6088
48	2304	110592	6,9282	3,6342
49	2401	117649	7,0000	3,6593
50	2500	125000	7,0711	3,6840
51	2601	132651	7,1414	3,7084
52	2704	140608	7,2111	3,7325
53	2809	148877	7,2801	3,7563
54	2916	157464	7,3485	3,7798
55	3025	166375	7,4162	3,8030
56	3136	175616	7,4833	3,8259
57	3249	185193	7,5498	3,8485
58	3364	195112	7,6158	3,8709
59	3481	205379	7,6811	3,8930
60	3600	216000	7,7460	3,9149
61	3721	226981	7,8102	3,9365
62	3844	238328	7,8740	3,9579
63	3969	250047	7,9373	3,9791
64	4096	262144	8,0000	4,0000
65	4225	274625	8,0623	4,0207
66	4356	287496	8,1240	4,0412
67	4489	300763	8,1854	4,0615
68	4624	314432	8,2462	4,0817
69	4761	328509	8,3066	4,1016
70	4900	343000	8,3666	4,1213
71	5041	357911	8,4261	4,1408
72	5184	373248	8,4853	4,1602
73	5329	389017	8,5440	4,1793
74	5476	405224	8,6023	4,1983
75	5625	421875	8,6603	4,2172
76	5776	438976	8,7178	4,2358
77	5929	456533	8,7750	4,2543
78	6084	474552	8,8318	4,2727
79	6241	493039	8,8882	4,2908
80	6400	512000	8,9443	4,3089
81	6561	531441	9,0000	4,3267
82	6724	551368	9,0554	4,3445
83	6889	571787	9,1104	4,3621
84	7056	592704	9,1652	4,3795
85	7225	614125	9,2195	4,3968
86	7396	636056	9,2736	4,4140
87	7569	658503	9,3274	4,4310
88	7744	681472	9,3808	4,4480
89	7921	704969	9,4340	4,4647
90	8100	729000	9,4868	4,4814
91	8281	753571	9,5394	4,4979
92	8464	778688	9,5917	4,5144
93	8649	804357	9,6437	4,5307
94	8836	830584	9,6954	4,5468
95	9025	857375	9,7468	4,5629
96	9216	884736	9,7980	4,5789
97	9409	912673	9,8489	4,5947
98	9604	941192	9,8995	4,6104
99	9801	970299	9,9499	4,6261
100	10000	1000000	10,0000	4,6416

A.3 Umrechnung Gradmaß – Bogenmaß

Grad	Radiant	Grad	Radiant	Grad	Radiant	Grad	Radiant	Grad	Radiant	Grad	Radiant
0,5	0,009	15,5	0,271	30,5	0,532	45,5	0,794	60,5	1,056	75,5	1,318
1	0,017	16	0,279	31	0,541	46	0,803	61	1,065	76	1,326
1,5	0,026	16,5	0,288	31,5	0,550	46,5	0,812	61,5	1,073	76,5	1,335
2	0,035	17	0,297	32	0,559	47	0,820	62	1,082	77	1,344
2,5	0,044	17,5	0,305	32,5	0,567	47,5	0,829	62,5	1,091	77,5	1,353
3	0,052	18	0,314	33	0,576	48	0,838	63	1,100	78	1,361
3,5	0,061	18,5	0,323	33,5	0,585	48,5	0,846	63,5	1,108	78,5	1,370
4	0,070	19	0,332	34	0,593	49	0,855	64	1,117	79	1,379
4,5	0,079	19,5	0,340	34,5	0,602	49,5	0,864	64,5	1,126	79,5	1,388
5	0,087	20	0,349	35	0,611	50	0,873	65	1,134	80	1,396
5,5	0,096	20,5	0,358	35,5	0,620	50,5	0,881	65,5	1,143	80,5	1,405
6	0,105	21	0,367	36	0,628	51	0,890	66	1,152	81	1,414
6,5	0,113	21,5	0,375	36,5	0,637	51,5	0,899	66,5	1,161	81,5	1,422
7	0,122	22	0,384	37	0,646	52	0,908	67	1,169	82	1,431
7,5	0,131	22,5	0,393	37,5	0,654	52,5	0,916	67,5	1,178	82,5	1,440
8	0,140	23	0,401	38	0,663	53	0,925	68	1,187	83	1,449
8,5	0,148	23,5	0,410	38,5	0,672	53,5	0,934	68,5	1,196	83,5	1,457
9	0,157	24	0,419	39	0,681	54	0,942	69	1,204	84	1,466
9,5	0,166	24,5	0,428	39,5	0,689	54,5	0,951	69,5	1,213	84,5	1,475
10	0,175	25	0,436	40	0,698	55	0,960	70	1,222	85	1,484
10,5	0,183	25,5	0,445	40,5	0,707	55,5	0,969	70,5	1,230	85,5	1,492
11	0,192	26	0,454	41	0,716	56	0,977	71	1,239	86	1,501
11,5	0,201	26,5	0,463	41,5	0,724	56,5	0,986	71,5	1,248	86,5	1,510
12	0,209	27	0,471	42	0,733	57	0,995	72	1,257	87	1,518
12,5	0,218	27,5	0,480	42,5	0,742	57,5	1,004	72,5	1,265	87,5	1,527
13	0,227	28	0,489	43	0,750	58	1,012	73	1,274	88	1,536
13,5	0,236	28,5	0,497	43,5	0,759	58,5	1,021	73,5	1,283	88,5	1,545
14	0,244	29	0,506	44	0,768	59	1,030	74	1,292	89	1,553
14,5	0,253	29,5	0,515	44,5	0,777	59,5	1,038	74,5	1,300	89,5	1,562
15	0,262	30	0,524	45	0,785	60	1,047	75	1,309	90	1,571

A.4 Primzahlen; Primfaktorzerlegung der Zahlen bis 1000

2	$115 = 5 \cdot 23$	**229**	$343 = 7^3$	**457**	**571**	$685 = 5 \cdot 137$
3	$117 = 3^2 \cdot 13$	$231 = 3 \cdot 7 \cdot 11$	$345 = 3 \cdot 5 \cdot 23$	$459 = 3^3 \cdot 17$	$573 = 3 \cdot 191$	$687 = 3 \cdot 229$
5	$119 = 7 \cdot 17$	**233**	**347**	**461**	$575 = 5^2 \cdot 23$	$689 = 13 \cdot 53$
7	$121 = 11^2$	$235 = 5 \cdot 47$	**349**	**463**	**577**	**691**
$9 = 3^2$	$123 = 3 \cdot 41$	$237 = 3 \cdot 79$	$351 = 3^3 \cdot 13$	$465 = 3 \cdot 5 \cdot 31$	$579 = 3 \cdot 193$	$693 = 3^2 \cdot 7 \cdot 11$
11	$125 = 5^3$	**239**	**353**	**467**	$581 = 7 \cdot 83$	$695 = 5 \cdot 139$
13	**127**	**241**	$355 = 5 \cdot 71$	$469 = 7 \cdot 67$	$583 = 11 \cdot 53$	$697 = 17 \cdot 41$
$15 = 3 \cdot 5$	$129 = 3 \cdot 43$	$243 = 3^5$	$357 = 3 \cdot 7 \cdot 17$	$471 = 3 \cdot 157$	$585 = 3^2 \cdot 5 \cdot 13$	$699 = 3 \cdot 233$
17	**131**	$245 = 5 \cdot 7^2$	**359**	$473 = 11 \cdot 43$	**587**	**701**
19	$133 = 7 \cdot 19$	$247 = 13 \cdot 19$	$361 = 19^2$	$475 = 5^2 \cdot 19$	$589 = 19 \cdot 31$	$703 = 19 \cdot 37$
$21 = 3 \cdot 7$	$135 = 3^3 \cdot 5$	$249 = 3 \cdot 83$	$363 = 3 \cdot 11^2$	$477 = 3^2 \cdot 53$	$591 = 3 \cdot 197$	$705 = 3 \cdot 5 \cdot 47$
23	**137**	**251**	$365 = 5 \cdot 73$	**479**	**593**	$707 = 7 \cdot 101$
$25 = 5^2$	**139**	$253 = 11 \cdot 23$	**367**	$481 = 13 \cdot 37$	$595 = 5 \cdot 7 \cdot 17$	**709**
$27 = 3^3$	$141 = 3 \cdot 47$	$255 = 3 \cdot 5 \cdot 17$	$369 = 3^2 \cdot 41$	$483 = 3 \cdot 7 \cdot 23$	$597 = 3 \cdot 199$	$711 = 3^2 \cdot 79$
29	$143 = 11 \cdot 13$	**257**	$371 = 7 \cdot 53$	$485 = 5 \cdot 97$	**599**	$713 = 23 \cdot 31$
31	$145 = 5 \cdot 29$	$259 = 7 \cdot 37$	**373**	**487**	**601**	$715 = 5 \cdot 11 \cdot 13$
$33 = 3 \cdot 11$	$147 = 3 \cdot 7^2$	$261 = 3^2 \cdot 29$	$375 = 3 \cdot 5^3$	$489 = 3 \cdot 163$	$603 = 3^2 \cdot 67$	$717 = 3 \cdot 239$
$35 = 5 \cdot 7$	**149**	**263**	$377 = 13 \cdot 29$	**491**	$605 = 5 \cdot 11^2$	**719**
37	**151**	$265 = 5 \cdot 53$	**379**	$493 = 17 \cdot 29$	**607**	$721 = 7 \cdot 103$
$39 = 3 \cdot 13$	$153 = 3^2 \cdot 17$	$267 = 3 \cdot 89$	$381 = 3 \cdot 127$	$495 = 3^2 \cdot 5 \cdot 11$	$609 = 3 \cdot 7 \cdot 29$	$723 = 3 \cdot 241$
41	$155 = 5 \cdot 31$	**269**	**383**	$497 = 7 \cdot 71$	$611 = 13 \cdot 47$	$725 = 5^2 \cdot 29$
43	**157**	**271**	$385 = 5 \cdot 7 \cdot 11$	**499**	**613**	**727**
$45 = 3^2 \cdot 5$	$159 = 3 \cdot 53$	$273 = 3 \cdot 7 \cdot 13$	$387 = 3^2 \cdot 43$	$501 = 3 \cdot 167$	$615 = 3 \cdot 5 \cdot 41$	$729 = 3^6$
47	$161 = 7 \cdot 23$	$275 = 5^2 \cdot 11$	**389**	**503**	**617**	$731 = 17 \cdot 43$
$49 = 7^2$	**163**	**277**	$391 = 17 \cdot 23$	$505 = 5 \cdot 101$	**619**	**733**
$51 = 3 \cdot 17$	$165 = 3 \cdot 5 \cdot 11$	$279 = 3^2 \cdot 31$	$393 = 3 \cdot 131$	$507 = 3 \cdot 13^2$	$621 = 3^3 \cdot 23$	$735 = 3 \cdot 5 \cdot 7^2$
53	**167**	**281**	$395 = 5 \cdot 79$	**509**	$623 = 7 \cdot 89$	$737 = 11 \cdot 67$
$55 = 5 \cdot 11$	$169 = 13^2$	**283**	**397**	$511 = 7 \cdot 73$	$625 = 5^4$	**739**
$57 = 3 \cdot 19$	$171 = 3^2 \cdot 19$	$285 = 3 \cdot 5 \cdot 19$	$399 = 3 \cdot 7 \cdot 19$	$513 = 3^3 \cdot 19$	$627 = 3 \cdot 11 \cdot 19$	$741 = 3 \cdot 13 \cdot 19$
59	**173**	$287 = 7 \cdot 41$	**401**	$515 = 5 \cdot 103$	$629 = 17 \cdot 37$	**743**
61	$175 = 5^2 \cdot 7$	$289 = 17^2$	$403 = 13 \cdot 31$	$517 = 11 \cdot 47$	**631**	$745 = 5 \cdot 149$
$63 = 3^2 \cdot 7$	$177 = 3 \cdot 59$	$291 = 3 \cdot 97$	$405 = 3^4 \cdot 5$	$519 = 3 \cdot 173$	$633 = 3 \cdot 211$	$747 = 3^2 \cdot 83$
$65 = 5 \cdot 13$	**179**	**293**	$407 = 11 \cdot 37$	**521**	$635 = 5 \cdot 127$	$749 = 7 \cdot 107$
67	**181**	$295 = 5 \cdot 59$	**409**	**523**	$637 = 7^2 \cdot 13$	**751**
$69 = 3 \cdot 23$	$183 = 3 \cdot 61$	$297 = 3^3 \cdot 11$	$411 = 3 \cdot 137$	$525 = 3 \cdot 5^2 \cdot 7$	$639 = 3^2 \cdot 71$	$753 = 3 \cdot 251$
71	$185 = 5 \cdot 37$	$299 = 13 \cdot 23$	$413 = 7 \cdot 59$	$527 = 17 \cdot 31$	**641**	$755 = 5 \cdot 151$
73	$187 = 11 \cdot 17$	$301 = 7 \cdot 43$	$415 = 5 \cdot 83$	$529 = 23^2$	**643**	**757**
$75 = 3 \cdot 5^2$	$189 = 3^3 \cdot 7$	$303 = 3 \cdot 101$	$417 = 3 \cdot 139$	$531 = 3^2 \cdot 59$	$645 = 3 \cdot 5 \cdot 43$	$759 = 3 \cdot 11 \cdot 23$
$77 = 7 \cdot 11$	**191**	$305 = 5 \cdot 61$	**419**	$533 = 13 \cdot 41$	**647**	**761**
79	**193**	**307**	**421**	$535 = 5 \cdot 107$	$649 = 11 \cdot 59$	$763 = 7 \cdot 109$
$81 = 3^4$	$195 = 3 \cdot 5 \cdot 13$	$309 = 3 \cdot 103$	$423 = 3^2 \cdot 47$	$537 = 3 \cdot 179$	$651 = 3 \cdot 7 \cdot 31$	$765 = 3^2 \cdot 5 \cdot 17$
83	**197**	**311**	$425 = 5^2 \cdot 17$	$539 = 7^2 \cdot 11$	**653**	$767 = 13 \cdot 59$
$85 = 5 \cdot 17$	**199**	**313**	$427 = 7 \cdot 61$	**541**	$655 = 5 \cdot 131$	**769**
$87 = 3 \cdot 29$	$201 = 3 \cdot 67$	$315 = 3^2 \cdot 5 \cdot 7$	$429 = 3 \cdot 11 \cdot 13$	$543 = 3 \cdot 181$	$657 = 3^2 \cdot 73$	$771 = 3 \cdot 257$
89	$203 = 7 \cdot 29$	**317**	**431**	$545 = 5 \cdot 109$	**659**	**773**
$91 = 7 \cdot 13$	$205 = 5 \cdot 41$	$319 = 11 \cdot 29$	**433**	**547**	**661**	$775 = 5^2 \cdot 31$
$93 = 3 \cdot 31$	$207 = 3^2 \cdot 23$	$321 = 3 \cdot 107$	$435 = 3 \cdot 5 \cdot 29$	$549 = 3^2 \cdot 61$	$663 = 3 \cdot 13 \cdot 17$	$777 = 3 \cdot 7 \cdot 37$
$95 = 5 \cdot 19$	$209 = 11 \cdot 19$	$323 = 17 \cdot 19$	$437 = 19 \cdot 23$	$551 = 19 \cdot 29$	$665 = 5 \cdot 7 \cdot 19$	$779 = 19 \cdot 41$
97	**211**	$325 = 5^2 \cdot 13$	**439**	$553 = 7 \cdot 79$	$667 = 23 \cdot 29$	$781 = 11 \cdot 71$
$99 = 3^2 \cdot 11$	$213 = 3 \cdot 71$	$327 = 3 \cdot 109$	$441 = 3^2 \cdot 7^2$	$555 = 3 \cdot 5 \cdot 37$	$669 = 3 \cdot 223$	$783 = 3^3 \cdot 29$
101	$215 = 5 \cdot 43$	$329 = 7 \cdot 47$	**443**	**557**	$671 = 11 \cdot 61$	$785 = 5 \cdot 157$
103	$217 = 7 \cdot 31$	**331**	$445 = 5 \cdot 89$	$559 = 13 \cdot 43$	**673**	**787**
$105 = 3 \cdot 5 \cdot 7$	$219 = 3 \cdot 73$	$333 = 3^2 \cdot 37$	$447 = 3 \cdot 149$	$561 = 3 \cdot 11 \cdot 17$	$675 = 3^3 \cdot 5^2$	$789 = 3 \cdot 263$
107	$221 = 13 \cdot 17$	$335 = 5 \cdot 67$	**449**	**563**	**677**	$791 = 7 \cdot 113$
109	**223**	**337**	$451 = 11 \cdot 41$	$565 = 5 \cdot 113$	$679 = 7 \cdot 97$	$793 = 13 \cdot 61$
$111 = 3 \cdot 37$	$225 = 3^2 \cdot 5^2$	$339 = 3 \cdot 113$	$453 = 3 \cdot 151$	$567 = 3^4 \cdot 7$	$681 = 3 \cdot 227$	$795 = 3 \cdot 5 \cdot 53$
113	**227**	$341 = 11 \cdot 31$	$455 = 5 \cdot 7 \cdot 13$	**569**	**683**	**797**

799 = $17 \cdot 47$	**329**	**859**	889 = $7 \cdot 127$	**919**	949 = $13 \cdot 73$	979 = $11 \cdot 89$
801 = $3^2 \cdot 89$	831 = $3 \cdot 277$	861 = $3 \cdot 7 \cdot 41$	891 = $3^4 \cdot 11$	921 = $3 \cdot 307$	951 = $3 \cdot 317$	981 = $3^2 \cdot 109$
803 = $11 \cdot 73$	833 = $7^2 \cdot 17$	**863**	893 = $19 \cdot 47$	923 = $13 \cdot 71$	**953**	**983**
805 = $5 \cdot 7 \cdot 23$	835 = $5 \cdot 167$	865 = $5 \cdot 173$	895 = $5 \cdot 179$	925 = $5^2 \cdot 37$	955 = $5 \cdot 191$	985 = $5 \cdot 197$
807 = $3 \cdot 269$	837 = $3^3 \cdot 31$	867 = $3 \cdot 17^2$	897 = $3 \cdot 13 \cdot 23$	927 = $3^2 \cdot 103$	957 = $3 \cdot 11 \cdot 29$	987 = $3 \cdot 7 \cdot 47$
809	**839**	869 = $11 \cdot 79$	899 = $29 \cdot 31$	**929**	959 = $7 \cdot 137$	989 = $23 \cdot 43$
811	841 = 29^2	871 = $13 \cdot 67$	901 = $17 \cdot 53$	931 = $7^2 \cdot 19$	961 = 31^2	**991**
813 = $3 \cdot 271$	843 = $3 \cdot 281$	873 = $3^2 \cdot 97$	903 = $3 \cdot 7 \cdot 43$	933 = $3 \cdot 311$	963 = $3^2 \cdot 107$	993 = $3 \cdot 331$
815 = $5 \cdot 163$	845 = $5 \cdot 13^2$	875 = $5^3 \cdot 7$	905 = $5 \cdot 181$	935 = $5 \cdot 11 \cdot 17$	965 = $5 \cdot 193$	995 = $5 \cdot 199$
817 = $19 \cdot 43$	847 = $7 \cdot 11^2$	**877**	**907**	**937**	**967**	**979**
819 = $3^2 \cdot 7 \cdot 13$	849 = $3 \cdot 283$	879 = $3 \cdot 293$	909 = $3^2 \cdot 101$	939 = $3 \cdot 313$	969 = $3 \cdot 17 \cdot 19$	999 = $3^3 \cdot 37$
821	851 = $23 \cdot 37$	**881**	**911**	**941**	**971**	
823	**853**	**883**	913 = $11 \cdot 83$	943 = $23 \cdot 41$	973 = $7 \cdot 139$	
825 = $3 \cdot 5^2 \cdot 11$	855 = $5 \cdot 3^2 \cdot 19$	885 = $3 \cdot 5 \cdot 59$	915 = $3 \cdot 5 \cdot 61$	945 = $3^3 \cdot 5 \cdot 7$	975 = $3 \cdot 5^2 \cdot 13$	
827	**857**	**887**	917 = $7 \cdot 131$	**947**	**977**	

(Gerade Zahlen – außer der Zahl 2 – werden nicht aufgeführt.)

A.5 Kreisflächeninhalt

$A = \frac{\pi}{4} d^2$ *d* Variable für den Zahlenwert des Durchmessers eines Kreises

d	0	1	2	3	4	5	6	7	8	9
1,0	0,785	0,801	0,817	0,833	0,849	0,866	0,882	0,899	0,916	0,933
1,1	0,950	0,968	0,985	1,003	1,021	1,039	1,057	1,075	1,094	1,112
1,2	1,131	1,150	1,169	1,188	1,208	1,227	1,247	1,267	1,287	1,307
1,3	1,327	1,348	1,368	1,389	1,410	1,431	1,453	1,474	1,496	1,517
1,4	1,539	1,561	1,584	1,606	1,629	1,651	1,674	1,697	1,720	1,744
1,5	1,767	1,791	1,815	1,839	1,863	1,887	1,911	1,936	1,961	1,986
1,6	2,011	2,036	2,061	2,087	2,112	2,138	2,164	2,190	2,217	2,243
1,7	2,270	2,297	2,324	2,351	2,378	2,405	2,433	2,461	2,488	2,516
1,8	2,545	2,573	2,602	2,630	2,659	2,688	2,717	2,746	2,776	2,806
1,9	2,835	2,865	2,895	2,926	2,956	2,986	3,017	3,048	3,079	3,110
2,0	3,142	3,173	3,205	3,237	3,269	3,301	3,333	3,365	3,398	3,431
2,1	3,464	3,497	3,530	3,563	3,597	3,631	3,664	3,698	3,733	3,767
2,2	3,801	3,836	3,871	3,906	3,941	3,976	4,011	4,047	4,083	4,119
2,3	4,155	4,191	4,227	4,264	4,301	4,337	4,374	4,412	4,449	4,486
2,4	4,524	4,562	4,600	4,638	4,676	4,714	4,753	4,792	4,831	4,870
2,5	4,909	4,948	4,988	5,027	5,067	5,107	5,147	5,187	5,228	5,269
2,6	5,309	5,350	5,391	5,433	5,474	5,515	5,557	5,599	5,641	5,683
2,7	5,726	5,768	5,811	5,853	5,896	5,940	5,983	6,026	6,070	6,114
2,8	6,158	6,202	6,246	6,290	6,335	6,379	6,424	6,469	6,514	6,560
2,9	6,605	6,651	6,697	6,743	6,789	6,835	6,881	6,928	6,975	7,022
3,0	7,069	7,116	7,163	7,211	7,258	7,306	7,354	7,402	7,451	7,499
3,1	7,548	7,596	7,645	7,694	7,744	7,793	7,843	7,892	7,942	7,992
3,2	8,042	8,093	8,143	8,194	8,245	8,296	8,347	8,398	8,450	8,501
3,3	8,553	8,605	8,657	8,709	8,762	8,814	8,867	8,920	8,973	9,026
3,4	9,079	9,133	9,186	9,240	9,294	9,348	9,402	9,457	9,511	9,566
3,5	9,621	9,676	9,731	9,787	9,842	9,898	9,954	10,010	10,066	10,122
3,6	10,179	10,235	10,292	10,349	10,406	10,463	10,521	10,578	10,636	10,694
3,7	10,752	10,810	10,869	10,927	10,986	11,045	11,104	11,163	11,222	11,282
3,8	11,341	11,401	11,461	11,521	11,581	11,642	11,702	11,763	11,824	11,885
3,9	11,946	12,007	12,069	12,130	12,192	12,254	12,316	12,379	12,441	12,504
4,0	12,566	12,629	12,692	12,756	12,819	12,882	12,946	13,010	13,074	13,138
4,1	13,203	13,267	13,332	13,396	13,461	13,527	13,592	13,657	13,723	13,789
4,2	13,854	13,920	13,987	14,053	14,120	14,186	14,253	14,320	14,387	14,455
4,3	14,522	14,590	14,657	14,725	14,793	14,862	14,930	14,999	15,067	15,136
4,4	15,205	15,275	15,344	15,413	15,483	15,553	15,623	15,693	15,763	15,834
4,5	15,904	15,975	16,046	16,117	16,188	16,260	16,331	16,403	16,475	16,547
4,6	16,619	16,691	16,764	16,837	16,909	16,982	17,055	17,129	17,202	17,276
4,7	17,349	17,423	17,497	17,572	17,646	17,721	17,795	17,870	17,945	18,020
4,8	18,096	18,171	18,247	18,322	18,398	18,475	18,551	18,627	18,704	18,781
4,9	18,857	18,934	19,012	19,089	19,167	19,244	19,322	19,400	19,478	19,556
5,0	19,635	19,714	19,792	19,871	19,950	20,030	20,109	20,189	20,268	20,348
5,1	20,428	20,508	20,589	20,669	20,750	20,831	20,912	20,993	21,074	21,156
5,2	21,237	21,319	21,401	21,483	21,565	21,648	21,730	21,813	21,896	21,979
5,3	22,062	22,145	22,229	22,312	22,396	22,480	22,564	22,648	22,733	22,817
5,4	22,902	22,987	23,072	23,157	23,243	23,328	23,414	23,500	23,586	23,672

Rückt das Komma in *d* um *eine* Stelle nach rechts (links), so rückt es in *A* um *zwei* Stellen nach rechts (links).

d	0	1	2	3	4	5	6	7	8	9
5,5	23,758	23,845	23,931	24,018	24,105	24,192	24,279	24,367	24,454	24,542
5,6	24,630	24,718	24,806	24,895	24,983	25,072	25,161	25,250	25,339	25,428
5,7	25,518	25,607	25,697	25,787	25,877	25,967	26,058	26,148	26,239	26,330
5,8	26,421	26,512	26,603	26,695	26,786	26,878	26,970	27,062	27,155	27,247
5,9	27,340	27,432	27,525	27,618	27,712	27,805	27,899	27,992	28,086	28,180
6,0	28,274	28,369	28,463	28,558	28,653	28,748	28,843	28,938	29,033	29,129
6,1	29,225	29,321	29,417	29,513	29,609	29,706	29,802	29,899	29,996	30,093
6,2	30,191	30,288	30,386	30,484	30,582	30,680	30,778	30,876	30,975	31,074
6,3	31,172	31,271	31,371	31,470	31,570	31,669	31,769	31,869	31,969	32,069
6,4	32,170	32,271	32,371	32,472	32,573	32,675	32,776	32,877	32,979	33,081
6,5	33,183	33,285	33,388	33,490	33,593	33,696	33,799	33,902	34,005	34,108
6,6	34,212	34,316	34,420	34,524	34,628	34,732	34,837	34,942	35,046	35,151
6,7	35,257	35,362	35,467	35,573	35,679	35,785	35,891	35,997	36,103	36,210
6,8	36,317	36,424	36,531	36,638	36,745	36,853	36,961	37,068	37,176	37,285
6,9	37,393	37,501	37,610	37,719	37,828	37,937	38,046	38,155	38,265	38,375
7,0	38,485	38,595	38,705	38,815	38,926	39,036	39,147	39,258	39,369	39,480
7,1	39,592	39,704	39,815	39,927	40,039	40,152	40,264	40,376	40,489	40,602
7,2	40,715	40,828	40,942	41,055	41,169	41,282	41,396	41,511	41,625	41,739
7,3	41,854	41,969	42,084	42,199	42,314	42,429	42,545	42,660	42,776	42,892
7,4	43,008	43,125	43,241	43,358	43,475	43,592	43,709	43,826	43,943	44,061
7,5	44,179	44,297	44,415	44,533	44,651	44,770	44,888	45,007	45,126	45,245
7,6	45,365	45,484	45,604	45,723	45,843	45,963	46,084	46,204	46,325	46,445
7,7	46,566	46,687	46,808	46,930	47,051	47,173	47,295	47,417	47,539	47,661
7,8	47,784	47,906	48,029	48,152	48,275	48,398	48,522	48,645	48,769	48,893
7,9	49,017	49,141	49,265	49,390	49,514	49,639	49,764	49,889	50,014	50,140
8,0	50,265	50,391	50,517	50,643	50,769	50,896	51,022	51,149	51,276	51,403
8,1	51,530	51,657	51,785	51,912	52,040	52,168	52,296	52,424	52,553	52,681
8,2	52,810	52,939	53,068	53,197	53,327	53,456	53,586	53,716	53,846	53,976
8,3	54,106	54,237	54,367	54,498	54,629	54,760	54,891	55,023	55,154	55,286
8,4	55,418	55,550	55,682	55,814	55,947	56,079	56,212	56,345	56,478	56,612
8,5	56,745	56,879	57,012	57,146	57,280	57,415	57,549	57,683	57,818	57,953
8,6	58,088	58,223	58,359	58,494	58,630	58,765	58,901	59,038	59,174	59,310
8,7	59,447	59,584	59,720	59,857	59,995	60,132	60,270	60,407	60,545	60,683
8,8	60,821	60,960	61,098	61,237	61,375	61,514	61,653	61,793	61,932	62,072
8,9	62,211	62,351	62,491	62,631	62,772	62,912	63,053	63,194	63,335	63,476
9,0	63,617	63,759	63,900	64,042	64,184	64,326	64,468	64,611	64,753	64,896
9,1	65,039	65,182	65,325	65,468	65,612	65,755	65,899	66,043	66,187	66,332
9,2	66,476	66,621	66,765	66,910	67,055	67,201	67,346	67,492	67,637	67,783
9,3	67,929	68,075	68,222	68,368	68,515	68,661	68,808	68,956	69,103	69,250
9,4	69,398	69,546	69,693	69,841	69,990	70,138	70,287	70,435	70,584	70,733
9,5	70,882	71,031	71,181	71,331	71,480	71,630	71,780	71,931	72,081	72,232
9,6	72,382	72,533	72,684	72,835	72,987	73,138	73,290	73,442	73,594	73,746
9,7	73,898	74,051	74,203	74,356	74,509	74,662	74,815	74,969	75,122	75,276
9,8	75,430	75,584	75,738	75,892	76,047	76,201	76,356	76,511	76,666	76,821
9,9	76,977	77,132	77,288	77,444	77,600	77,756	77,913	78,069	78,226	78,383

$d = 9{,}14$	$d = 91{,}4$	$A = 10{,}463$	$A = 103{,}9$	$A = 1046{,}3$	$A = 60$
$A \approx 65{,}612$	$A \approx 6561{,}2$	$d \approx 3{,}65$	$d \approx 11{,}5$	$d \approx 36{,}5$	$d \approx 8{,}74$

A.6 Funktionen $y = \sin x$ und $y = \cos x$

sin 0° … sin 45°

Grad	0,0	0,1	0,2	0,3	0,4	0,5	0,6	0,7	0,8	0,9	1,0	
0	0,0000	0,00175	0,00349	0,00524	0,00698	0,00873	0,01047	0,0122	0,0140	0,0157	0,0175	89
1	0,0175	0,0192	0,0209	0,0227	0,0244	0,0262	0,0279	0,0297	0,0314	0,0332	0,0349	88
2	0,0349	0,0366	0,0384	0,0401	0,0419	0,0436	0,0454	0,0471	0,0488	0,0506	0,0523	87
3	0,0523	0,0541	0,0558	0,0576	0,0593	0,0610	0,0628	0,0645	0,0663	0,0680	0,0698	86
4	0,0698	0,0715	0,0732	0,0750	0,0767	0,0785	0,0802	0,0819	0,0837	0,0854	0,0872	85
5	0,0872	0,0889	0,0906	0,0924	0,0941	0,0958	0,0976	0,0993	0,1011	0,1028	0,1045	84
6	0,1045	0,1063	0,1080	0,1097	0,1115	0,1132	0,1149	0,1167	0,1184	0,1201	0,1219	83
7	0,1219	0,1236	0,1253	0,1271	0,1288	0,1305	0,1323	0,1340	0,1357	0,1374	0,1392	82
8	0,1392	0,1409	0,1426	0,1444	0,1461	0,1478	0,1495	0,1513	0,1530	0,1547	0,1564	81
9	0,1564	0,1582	0,1599	0,1616	0,1633	0,1650	0,1668	0,1685	0,1702	0,1719	0,1736	80
10	0,1736	0,1754	0,1771	0,1788	0,1805	0,1822	0,1840	0,1857	0,1874	0,1891	0,1908	79
11	0,1908	0,1925	0,1942	0,1959	0,1977	0,1994	0,2011	0,2028	0,2045	0,2062	0,2079	78
12	0,2079	0,2096	0,2113	0,2130	0,2147	0,2164	0,2181	0,2198	0,2215	0,2233	0,2250	77
13	0,2250	0,2267	0,2284	0,2300	0,2317	0,2334	0,2351	0,2368	0,2385	0,2402	0,2419	76
14	0,2419	0,2436	0,2453	0,2470	0,2487	0,2504	0,2521	0,2538	0,2554	0,2571	0,2588	75
15	0,2588	0,2605	0,2622	0,2639	0,2656	0,2672	0,2689	0,2706	0,2723	0,2740	0,2756	74
16	0,2756	0,2773	0,2790	0,2807	0,2823	0,2840	0,2857	0,2874	0,2890	0,2907	0,2924	73
17	0,2924	0,2940	0,2957	0,2974	0,2990	0,3007	0,3024	0,3040	0,3057	0,3074	0,3090	72
18	0,3090	0,3107	0,3123	0,3140	0,3156	0,3173	0,3190	0,3206	0,3223	0,3239	0,3256	71
19	0,3256	0,3272	0,3289	0,3305	0,3322	0,3338	0,3355	0,3371	0,3387	0,3404	0,3420	70
20	0,3420	0,3437	0,3453	0,3469	0,3486	0,3502	0,3518	0,3535	0,3551	0,3567	0,3584	69
21	0,3584	0,3600	0,3616	0,3633	0,3649	0,3665	0,3681	0,3697	0,3714	0,3730	0,3746	68
22	0,3746	0,3762	0,3778	0,3795	0,3811	0,3827	0,3843	0,3859	0,3875	0,3891	0,3907	67
23	0,3907	0,3923	0,3939	0,3955	0,3971	0,3987	0,4003	0,4019	0,4035	0,4051	0,4067	66
24	0,4067	0,4083	0,4099	0,4115	0,4131	0,4147	0,4163	0,4179	0,4195	0,4210	0,4226	65
25	0,4226	0,4242	0,4258	0,4274	0,4289	0,4305	0,4321	0,4337	0,4352	0,4368	0,4384	64
26	0,4384	0,4399	0,4415	0,4431	0,4446	0,4462	0,4478	0,4493	0,4509	0,4524	0,4540	63
27	0,4540	0,4555	0,4571	0,4586	0,4602	0,4617	0,4633	0,4648	0,4664	0,4679	0,4695	62
28	0,4695	0,4710	0,4726	0,4741	0,4756	0,4772	0,4787	0,4802	0,4818	0,4833	0,4848	61
29	0,4848	0,4863	0,4879	0,4894	0,4909	0,4924	0,4939	0,4955	0,4970	0,4985	0,5000	60
30	0,5000	0,5015	0,5030	0,5045	0,5060	0,5075	0,5090	0,5105	0,5120	0,5135	0,5150	59
31	0,5150	0,5165	0,5180	0,5195	0,5210	0,5225	0,5240	0,5255	0,5270	0,5284	0,5299	58
32	0,5299	0,5314	0,5329	0,5344	0,5358	0,5373	0,5388	0,5402	0,5417	0,5432	0,5446	57
33	0,5446	0,5461	0,5476	0,5490	0,5505	0,5519	0,5534	0,5548	0,5563	0,5577	0,5592	56
34	0,5592	0,5606	0,5621	0,5635	0,5650	0,5664	0,5678	0,5693	0,5707	0,5721	0,5736	55
35	0,5736	0,5750	0,5764	0,5779	0,5793	0,5807	0,5821	0,5835	0,5850	0,5864	0,5878	54
36	0,5878	0,5892	0,5906	0,5920	0,5934	0,5948	0,5962	0,5976	0,5990	0,6004	0,6018	53
37	0,6018	0,6032	0,6046	0,6060	0,6074	0,6088	0,6101	0,6115	0,6129	0,6143	0,6157	52
38	0,6157	0,6170	0,6184	0,6198	0,6211	0,6225	0,6239	0,6252	0,6266	0,6280	0,6293	51
39	0,6293	0,6307	0,6320	0,6334	0,6347	0,6361	0,6374	0,6388	0,6401	0,6414	0,6428	50
40	0,6428	0,6441	0,6455	0,6468	0,6481	0,6494	0,6508	0,6521	0,6534	0,6547	0,6561	49
41	0,6561	0,6574	0,6587	0,6600	0,6613	0,6626	0,6639	0,6652	0,6665	0,6678	0,6691	48
42	0,6691	0,6704	0,6717	0,6730	0,6743	0,6756	0,6769	0,6782	0,6794	0,6807	0,6820	47
43	0,6820	0,6833	0,6845	0,6858	0,6871	0,6884	0,6896	0,6909	0,6921	0,6934	0,6947	46
44	0,6947	0,6959	0,6972	0,6984	0,6997	0,7009	0,7022	0,7034	0,7046	0,7059	0,7071	45
	1,0	0,9	0,8	0,7	0,6	0,5	0,4	0,3	0,2	0,1	0,0	Grad

cos 45° … cos 90°

$\sin 36° = \cos 54° \approx 0{,}5878$

$\sin 208° = \sin(180° + 28°) = -\sin 28° \approx -0{,}4695$

$\sin 127° = \sin(90° + 37°) = \cos 37° \approx 0{,}7986$

$\sin 312° = \sin(270° + 42°) = -\cos 42° \approx -0{,}7431$

sin 45° … sin 90°

Grad	0,0	0,1	0,2	0,3	0,4	0,5	0,6	0,7	0,8	0,9	1,0	
45	0,7071	0,70834	0,70957	0,71080	0,71203	0,71325	0,71447	0,7157	0,7169	0,7181	0,7193	**44**
46	0,7193	0,7206	0,7218	0,7230	0,7242	0,7254	0,7266	0,7278	0,7290	0,7302	0,7314	**43**
47	0,7314	0,7325	0,7337	0,7349	0,7361	0,7373	0,7385	0,7396	0,7408	0,7420	0,7431	**42**
48	0,7431	0,7443	0,7455	0,7466	0,7478	0,7490	0,7501	0,7513	0,7524	0,7536	0,7547	**41**
49	0,7547	0,7559	0,7570	0,7581	0,7593	0,7604	0,7615	0,7627	0,7638	0,7649	0,7660	**40**
50	0,7660	0,7672	0,7683	0,7694	0,7705	0,7716	0,7727	0,7738	0,7749	0,7760	0,7771	**39**
51	0,7771	0,7782	0,7793	0,7804	0,7815	0,7826	0,7837	0,7848	0,7859	0,7869	0,7880	**38**
52	0,7880	0,7891	0,7902	0,7912	0,7923	0,7934	0,7944	0,7955	0,7965	0,7976	0,7986	**37**
53	0,7986	0,7997	0,8007	0,8018	0,8028	0,8039	0,8049	0,8059	0,8070	0,8080	0,8090	**36**
54	0,8090	0,8100	0,8111	0,8121	0,8131	0,8141	0,8151	0,8161	0,8171	0,8181	0,8192	**35**
55	0,8192	0,8202	0,8211	0,8221	0,8231	0,8241	0,8251	0,8261	0,8271	0,8281	0,8290	**34**
56	0,8290	0,8300	0,8310	0,8320	0,8329	0,8339	0,8348	0,8358	0,8368	0,8377	0,8387	**33**
57	0,8387	0,8396	0,8406	0,8415	0,8425	0,8434	0,8443	0,8453	0,8462	0,8471	0,8480	**32**
58	0,8480	0,8490	0,8499	0,8508	0,8517	0,8526	0,8536	0,8545	0,8554	0,8563	0,8572	**31**
59	0,8572	0,8581	0,8590	0,8599	0,8607	0,8616	0,8625	0,8634	0,8643	0,8652	0,8660	**30**
60	0,8660	0,8669	0,8678	0,8686	0,8695	0,8704	0,8712	0,8721	0,8729	0,8738	0,8746	**29**
61	0,8746	0,8755	0,8763	0,8771	0,8780	0,8788	0,8796	0,8805	0,8813	0,8821	0,8829	**28**
62	0,8829	0,8838	0,8846	0,8854	0,8862	0,8870	0,8878	0,8886	0,8894	0,8902	0,8910	**27**
63	0,8910	0,8918	0,8926	0,8934	0,8942	0,8949	0,8957	0,8965	0,8973	0,8980	0,8988	**26**
64	0,8988	0,8996	0,9003	0,9011	0,9018	0,9026	0,9033	0,9041	0,9048	0,9056	0,9063	**25**
65	0,9063	0,9070	0,9078	0,9085	0,9092	0,9100	0,9107	0,9114	0,9121	0,9128	0,9135	**24**
66	0,9135	0,9143	0,9150	0,9157	0,9164	0,9171	0,9178	0,9184	0,9191	0,9198	0,9205	**23**
67	0,9205	0,9212	0,9219	0,9225	0,9232	0,9239	0,9245	0,9252	0,9259	0,9265	0,9272	**22**
68	0,9272	0,9278	0,9285	0,9291	0,9298	0,9304	0,9311	0,9317	0,9323	0,9330	0,9336	**21**
69	0,9336	0,9342	0,9348	0,9354	0,9361	0,9367	0,9373	0,9379	0,9385	0,9391	0,9397	**20**
70	0,9397	0,9403	0,9409	0,9415	0,9421	0,9426	0,9432	0,9438	0,9444	0,9449	0,9455	**19**
71	0,9455	0,9461	0,9466	0,9472	0,9478	0,9483	0,9489	0,9494	0,9500	0,9505	0,9511	**18**
72	0,9511	0,9516	0,9521	0,9527	0,9532	0,9537	0,9542	0,9548	0,9553	0,9558	0,9563	**17**
73	0,9563	0,9568	0,9573	0,9578	0,9583	0,9588	0,9593	0,9598	0,9603	0,9608	0,9613	**16**
74	0,9613	0,9617	0,9622	0,9627	0,9632	0,9636	0,9641	0,9646	0,9650	0,9655	0,9659	**15**
75	0,9659	0,9664	0,9668	0,9673	0,9677	0,9681	0,9686	0,9690	0,9694	0,9699	0,9703	**14**
76	0,9703	0,9707	0,9711	0,9715	0,9720	0,9724	0,9728	0,9732	0,9736	0,9740	0,9744	**13**
77	0,9744	0,9748	0,9751	0,9755	0,9759	0,9763	0,9767	0,9770	0,9774	0,9778	0,9781	**12**
78	0,9781	0,9785	0,9789	0,9792	0,9796	0,9799	0,9803	0,9806	0,9810	0,9813	0,9816	**11**
79	0,9816	0,9820	0,9823	0,9826	0,9829	0,9833	0,9836	0,9839	0,9842	0,9845	0,9848	**10**
80	0,9848	0,9851	0,9854	0,9857	0,9860	0,9863	0,9866	0,9869	0,9871	0,9874	0,9877	**9**
81	0,9877	0,9880	0,9882	0,9885	0,9888	0,9890	0,9893	0,9895	0,9898	0,9900	0,9903	**8**
82	0,9903	0,9905	0,9907	0,9910	0,9912	0,9914	0,9917	0,9919	0,9921	0,9923	0,9925	**7**
83	0,9925	0,9928	0,9930	0,9932	0,9934	0,9936	0,9938	0,9940	0,9942	0,9943	0,9945	**6**
84	0,9945	0,9947	0,9949	0,9951	0,9952	0,9954	0,9956	0,9957	0,9959	0,9960	0,9962	**5**
85	0,9962	0,9963	0,9965	0,9966	0,9968	0,9969	0,9971	0,9972	0,9973	0,9974	0,9976	**4**
86	0,9976	0,9977	0,9978	0,9979	0,9980	0,9981	0,9982	0,9983	0,9984	0,9985	0,9986	**3**
87	0,9986	0,9987	0,9988	0,9989	0,9990	0,9990	0,9991	0,9992	0,9993	0,9993	0,9994	**2**
88	0,9994	0,9995	0,9995	0,9996	0,9996	0,9997	0,9997	0,9997	0,9998	0,9998	0,9998	**1**
89	0,9998	0,9999	0,9999	0,9999	0,9999	1,0000	1,0000	1,0000	1,0000	1,0000	1,0000	**0**
	1,0	**0,9**	**0,8**	**0,7**	**0,6**	**0,5**	**0,4**	**0,3**	**0,2**	**0,1**	**0,0**	**Grad**

cos 0° … cos 45°

cos 148° = cos(90° + 58°) = −sin 58° ≈ −0,8480

cos 325° = cos(270° + 55°) = sin 55° ≈ 0,8192

cos 227° = cos(180° + 47°) = −cos 47° ≈ −0,6820

Register

Umrechnung von Einheiten

Längeneinheiten

Kilometer (km), Meter (m), Dezimeter (dm), Zentimeter (cm), Millimeter (mm)

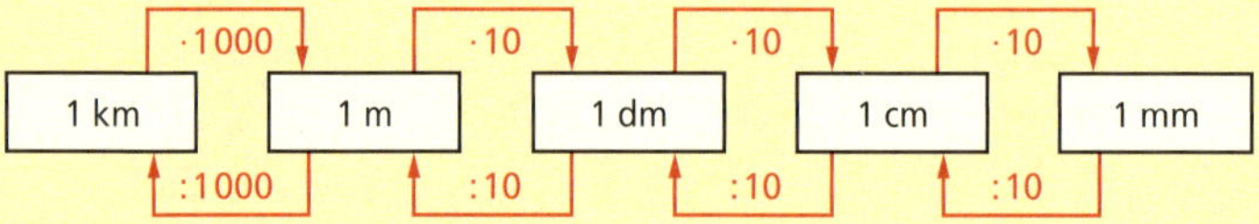

Beispiele: 1 km = 1000 · 1 m = 1000 m 1 cm = 1 dm : 10 = 0,1 dm

Flächeneinheiten

Quadratkilometer (km^2), Hektar (ha), Ar (a), Quadratmeter (m^2), Quadratdezimeter (dm^2), Quadratzentimeter (cm^2), Quadratmillimeter (mm^2)

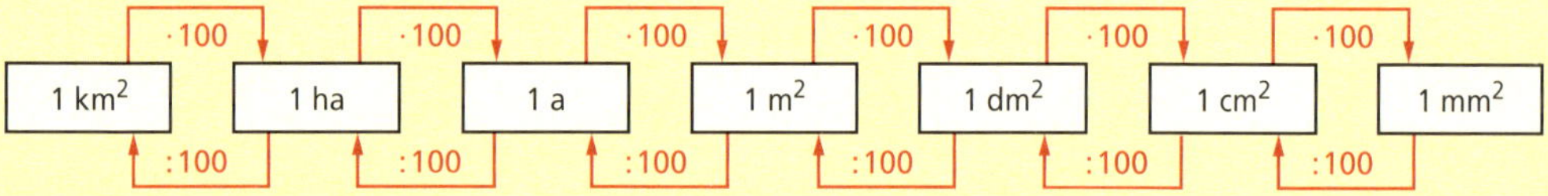

Beispiele: $1\ m^2 = 100 \cdot 1\ dm^2 = 100\ dm^2$ $1\ cm^2 = 1\ dm^2 : 100 = 0{,}01\ dm^2$

Volumeneinheiten

Kubikkilometer (km^3), Kubikmeter (m^3), Kubikdezimeter (dm^3), Kubikzentimeter (cm^3), Kubikmillimeter (mm^3); Hektoliter (hl), Liter (l), Zentiliter (cl), Milliliter (ml)

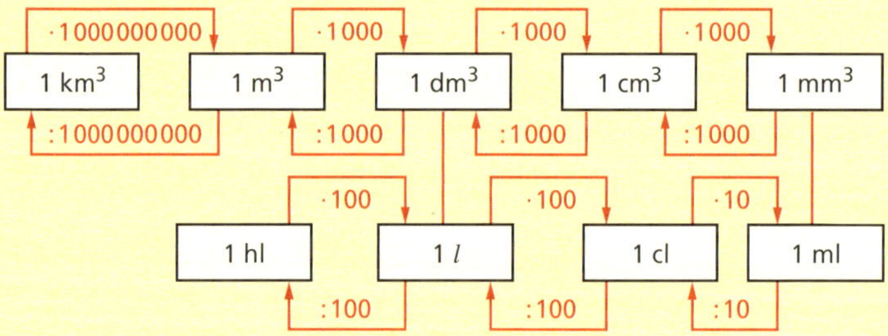

Beispiele: $1\ m^3 = 1000 \cdot 1\ dm^3 = 1000\ dm^3$ 1 cl = 1 l : 100 = 0,01 l

Masseeinheiten

Tonne (t), Dezitonne (dt), Kilogramm (km), Gramm (g), Milligramm (mg)

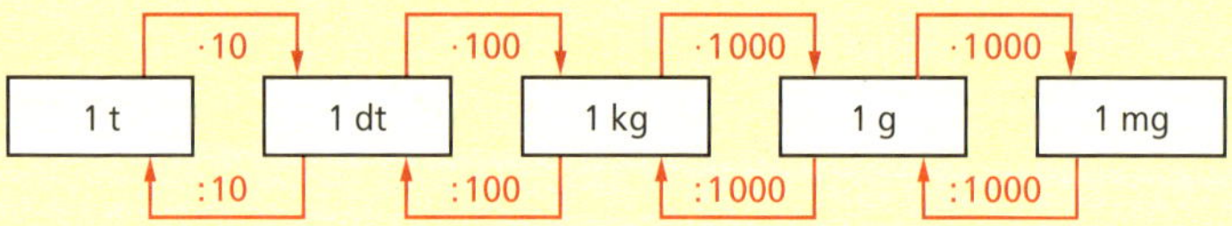

Beispiele: 1 kg = 1000 · 1 g = 1000 g 1 kg = 1 dt : 100 = 0,01 dt